Einführung in R

Ein Kochbuch zur statistischen Datenanalyse mit R

Günter Faes

Einführung in R

Ein Kochbuch zur statistischen Datenanalyse mit R

BoD

Books on Demand GmbH, Norderstedt

Bibliografische Information Der Deutschen Nationalbibliothek:

Die Deutsche Nationalbibliothek verzeichnet diese Publikation in der Deutschen Nationalbibliografie, detaillierte bibliografische Daten sind im Internet über http://dnb.ddb.de abrufbar.

Impressum

Herstellung und Verlag: Books on Demand GmbH, Norderstedt

ISBN 9783833491849

Für Karin

Inhaltsverzeichnis

1. Einleitung

1.1 Was ist **R**?

Einfach ausgedrückt, ist **R** eine interpretierte Programmiersprache zur statistischen Datenanalyse und deren grafischen Darstellung. Wie wir aber im Folgenden sehen werden, ist **R** nicht nur eine hochflexible Programmierumgebung zum genannten Zweck, sondern diese Umgebung bietet auch die Möglichkeiten der Erweiterung durch Pakete und Schnittstellen zu diverser Software (Statistiksoftware, *MS Office*, Datenbanken, usw.). Nicht unerwähnt soll die Integration als wesentlicher Bestandteil im Statistiklabor, einer statistischen Lehr- und Lernumgebung, bleiben. Siehe hierzu http://www.statistiklabor.de.

Das hochflexibel nicht auch hochkompliziert bedeutet, soll mit dieser Einführung gezeigt werden. Der Grundgedanke, dem **R** zugrunde liegt ist, dem Benutzer eine einfache Umgebung zur statistischen Datenanalyse und deren Präsentation zur Verfügung zu stellen. Sie werden feststellen, dass Sie einen Gutteil Ihrer Analysen ohne Programmierung mit den angebotenen Funktionen erledigen können.

R ist Open Source Software, d.h. der Quellcode ist frei erhältlich sowie die Nutzung kostenfrei.

1.2 Wer stellt **R** bereit?

R wird durch das *CRAN*, *C*omprehensive ***R*** *A*rchive *N*etwork, einem Server-Netzwerk, das den Quellcode und die Binärdateien für diverse Betriebssysteme zum Herunterladen zur Verfügung stellt. Durch dieses Netzwerk werden die Zusatzpakete (wird später noch ausführlich erklärt) zu statistischen Verfahren, Dokumentationen, Newsletter, Zugriff auf die FAQs und Links zu weiterer Software und Projekten zur Verfügung gestellt.

Die *CRAN*-Homepage erreichen Sie unter http://www.R-project.org.

CRAN ist natürlich nicht im freien Raum entstanden, sondern als Folge einer Entwicklung, die mit dem Start des Projektes **R** im Jahr 1992 durch Ross Ihaka und Robert Gentleman vom Statistics Department der Universität Auckland (NZ) ihren Anfang fand.

Im Jahr 1997 wurde das **R** Development Core Team (**R** Core Team) und

1998 das *CRAN* gegründet.

1.3 R installieren

Wie schon erwähnt, wird **R** für verschiedene Betriebssysteme zur Verfügung gestellt, z. B. UNIX, Linux, Macintosh und natürlich Windows. In dieser Einführung wird **R 2.3.1** unter *MS Windows 2000*, Service Pack 4, und *MS Windows XP* eingesetzt.

Auf der CRAN-Homepage rufen Sie, um die Windows-Version zu laden, den Link Windows (95 and later), den Sie über Download -> CRAN -> erreichen, (*wählen Sie einen Server in Ihrer Nähe aus)* auf (Abb. 1):

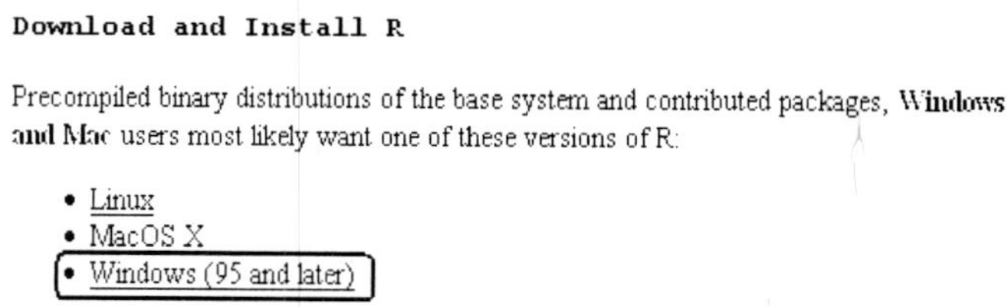

Abbildung 1: CRAN, R laden

Danach wählen Sie base aus...

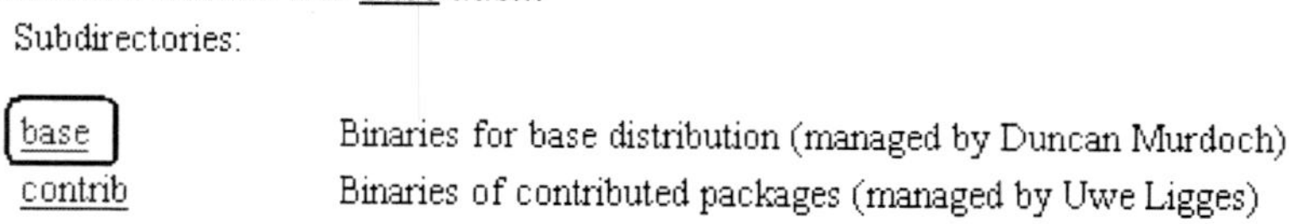

Abbildung 2: CRAN, R.exe wählen

... und laden dann die jeweilig gültige **R**-Version (*R-2.3.1-win32*) auf Ihren PC. Über den Link contrib können Sie *auch* **R**-Pakete, auf die im Kapitel *2.5 Pakete* eingegangen wird, auf Ihren PC laden.

Nachdem Sie die **R**-Datei auf Ihren PC geladen haben, führen Sie die Installation durch Doppelklick auf die exe-Datei wie gewohnt durch. Das Installationsprogramm legt ein **R**-Symbol zum Start des Programms auf Ihren Bildschirm ab (Abb. 3).

Abbildung 3: R-Startsymbol

Nun verfügen Sie über die nötige **R**-Arbeitsumgebung, die auch durch geeignete Hilfsprogramme, wie z. B. dem **R**-*Commander*, zum angenehmeren Arbeiten im *Dialog* oder, wenn Sie eigene Funktionen schreiben, durch Editoren erweitert werden kann.

An dieser Stelle sei direkt darauf hingewiesen, dass alle im Folgenden gezeigten Beispiele, die im Dialog erfolgen (Dialog bedeutet, Sie stellen **R** eine Frage durch einen Funktionsaufruf und bekommen von **R** eine entsprechende Antwort.), ohne Hilfsmittel, wie z. B. dem **R**-*Commander* auskommen. Wenn Sie eigene Funktionen schreiben, werden Sie auf entsprechende Editoren als Hilfsmittel hingewiesen.

1.4 Das Ziel dieser Einführung

Wie der Name des Werkes schon sagt, ist es das Ziel dieses Buches, Sie in die Handhabung der **R**-Umgebung und Programmierung anhand *praktischer* Beispiele einzuführen.

Die nötige Statistik, also die Methoden und Beispiele, basieren auf den Internetseiten von www.faes.de, die in den Bereichen Statistik und Lexikon dargelegt werden.

Das Hauptaugenmerk liegt in dieser Einführung auf den Umgang mit der **R**-Umgebung und das Erstellen eigener Programme (Funktionen). Über die Homepage http://www.r-statistik.de können Sie die Beispiele auf Ihren PC laden. Siehe dazu auch Kapitel *5.2 Die R-Statistik-Homepage*!

Betrachten Sie diese Einführung als *Kochbuch*! Kochen Sie die Beispiele, so wie Sie sich mit dem Thema beschäftigen, mit Ihrem PC nach. Nur so bleibt das Erlernte haften!

2 Die **R** Grundlagen

In diesem Kapitel wird der Einstieg in die **R** Arbeitsumgebung gezeigt. Dazu wird **R** wie ein Taschenrechner benutzt (*im Dialog*) und die Ein- und Ausgaben werden über die so genannte *Konsole*, diese werden Sie im nächsten Kapitel *2.1 Die R Oberfläche* kennen lernen, erfolgen.

An praktischen Beispielen wird auch der Umgang mit der Hilfefunktion gezeigt.

2.1 Die **R** Oberfläche

Mit einem Doppelklick auf das **R**-Symbol rufen Sie die **R-Konsole** oder auch das *GUI* (*G*raphical *U*ser *I*nterface) auf (Abb. 4):

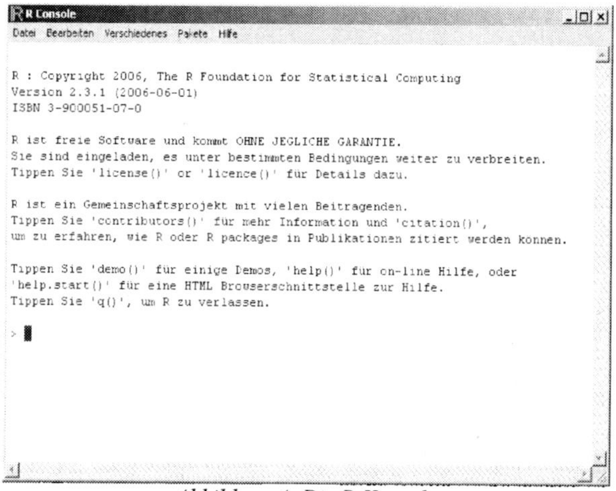

Abbildung 4: Die R-Konsole

Sollten Sie ein älteres **R**-Release, also älter als **R** 2.*1.0*, installiert und nun gestartet haben, wird Ihnen ein wesentlicher Unterschied direkt ins Auge springen: Ab Release 2.1.0 ist **R** international. Die auffälligste Änderung, abhängig von der Sprachunterstützung des Betriebssystems, ist die deutschsprachige Menüführung.

Die Menüpunkte werden in Abhängigkeit der Verwendung erklärt.

Sie sind aus diversen anderen Programmen, wie vielleicht von der *OpenOffice*-Textverarbeitung mit der diese Einführung geschrieben wurde, aufwendige GUI's gewohnt und sind verwundert über diese spartanische Oberfläche. Aufwändige GUI's sind unter verschiedenen Betriebssystemen auch aufwändig zu programmieren und zu warten. Deswegen ist der Verzicht auf eine „durchprogrammierte“ GUI sicher nachvollziehbar.

Ich bin aber überzeugt, dass durch das Fehlen einer ausgeprägten GUI und die dadurch geforderte intensive Beschäftigung mit der Konsole, ähnlich einem Stück Papier, der Lerneffekt wesentlich höher ist.

Über das Menü **Hilfe -> Konsole** werden interessante Navigationsmöglichkeiten und „short-cuts“, z. B. die History-Funktion „`Strg+P`“, dargestellt. Schauen Sie mal rein!

2.2 Notation

Bevor die ersten Schritte getan werden, müssen ein paar Worte über die verwendete Notation gesagt werden:

Verweise auf Kapitel erfolgen *kursiv*.

Eigennamen oder besondere Begriffe werden zur Hervorhebung *kursiv*, Menüpunkte **fett** und **R**-Packetnamen ***fett und kursiv*** jeweils einen Punkt kleiner dargestellt.

Eingaben auf der Konsole oder Programme werden wie folgt gezeigt, in `Courier New 8pt` dargestellt:

```
> a <- 2 + 5
> print(a)
[1] 7
> ▌
```

Eingaben werden in rot und Ausgaben, in Abhängigkeit der GUI-Einstellungen (siehe Anhang 5.1), navy blau auf der Konsole dargestellt. **R**-Anweisungen (Funktionen) werden im Text ebenfalls `Courier New 8pt` hervorgehoben und Vorabinformationen zu den Funktionen kursiv, z. B. `Funktion(`*`Hinweis 1,...`*`)`.

2.3 Die ersten Schritte

R ist eine Interpretersprache, d. h., einzelne Anweisungen oder Programme werden zur Laufzeit interpretiert und dies könnte in bestimmten Situationen zu zeitlichen Problemen führen. Insbesondere dann, wenn nicht das wesentliche Merkmal der Vektororientiertheit von **R** Beachtung findet, sondern vielleicht unnötige Schleifen programmiert werden.

Für dieses Kapitel ist obige Aussage, bis auf dass die Basis von **R** ein Interpreter ist, nicht wichtig. Nur besteht die Möglichkeit, dass Sie den Interpreter während der ersten Gehversuche länger beschäftigen als Sie vielleicht möchten. Um dann die **R**-Anweisung abzubrechen, ist die ESC-Taste wichtig. Behalten Sie die Funktion der ESC-Taste also im Gedächtnis!

Auf der **R**-Konsole sehen Sie nach einigen allgemeinen Hinweisen, folgende Zeichen > ▌. Das > Zeichen ist die Eingabeaufforderung (*Prompt*) und dieses ▌ zeigt die aktuelle Eingabeposition an. Eingaben werden natürlich mit `Enter` abgeschlossen! Sollte nach `Enter` weitere Eingaben von **R** bezüglich der aktuellen Funktion erwartet werden, macht Sie **R** durch ein `+` Zeichen, dem sog. *Continuation Prompt*, darauf aufmerksam. Ein Beispiel dazu finden Sie im Kapitel *2.3.4.4 Listen*.

Hier soll auch direkt erwähnt werden, das Sie abgesehen von der Menümöglichkeit **Datei -> Beenden**, **R** über die Eingabe von `q()` verlassen können. Die Auswirkung der Frage *Workspace sichern?* wird noch später dargelegt. In diesem Beispiel drücken Sie einfach die **Nein**-Schaltfläche.

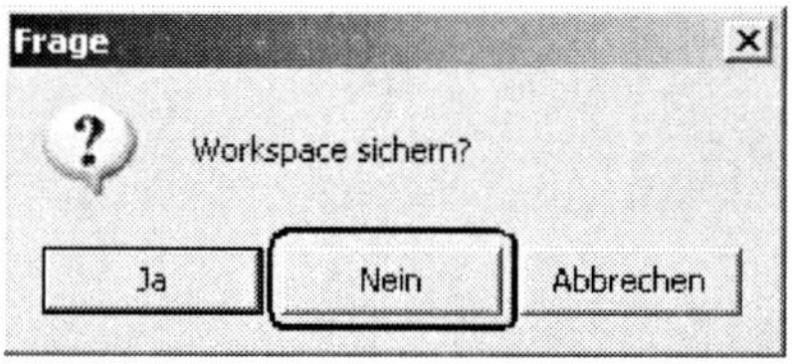

Abbildung 5: Workspace sichern?

2.3.1 Die ersten Rechenoperationen

R berücksichtigt natürlich die Wertigkeit der Operatoren (^, *, /, +, -, ...). Auch gilt „Punkt- vor Strichrechnung". Für den Einsteiger ist sicher auch ungewöhnlich, dass das *Dezimalkomma immer ein Punkt ist*. Es gibt auch leider bisher keine Möglichkeit über eine Konfigurationseinstellung, außer für *Ausgaben* über z. B. die Funktion `formatC` oder über `options(OutDec = ",")` dies zu ändern. Um es klar hervorzuheben, die Wertausgabe kann von z. B. `1.5` auf `1,5` geändert werden, aber Eingaben für Berechnungen müssen nach wie vor mit dem Dezimalpunkt erfolgen!

```
> (3 + 5) / 3
[1] 2.666667
> 3 + 5 / 3
[1] 4.666667
```

Obige Eingaben wurden durch jeweils ein Leerzeichen getrennt. Dies ist kein Muss, erhöht aber die Lesbarkeit der Eingabe.

Die Auswertung der Eingabe, in diesem Beispiel die Berechnung, erfolgt von links nach rechts und kann natürlich durch Klammern beeinflusst werden:

```
> (2 * 1.5 + (2 + 3 /4)) / 3
[1] 1.916667
```

Bezüglich der Operatoren sei hier nur die folgende *nicht vollständige* Reihenfolge

^	Potenzieren
*, /	Multiplikation, Division
+, -	Addition, Subtraktion

erwähnt. Die Auswertung erfolgt vom Potenzieren zur Addition oder Subtraktion. Möchten Sie an dieser Stelle schon die Bearbeitungsreihenfolge aller **R** Operatoren kennen lernen, geben Sie

```
> ?Syntax
```

ein und in einem neuen Fenster werden Ihnen weitere Informationen angezeigt. Mit der ?-Anweisung haben Sie schon eine der Hilfemöglichkeiten kennen gelernt, aber dazu später mehr.

Sie können natürlich auch mehr als eine Berechnung in einer *Eingabezeile* durchführen. Dazu trennen Sie die Anweisungen durch ein ;-Zeichen:

```
> 3 + 5; 4 + 9
[1] 8                # Ergebnis des 1. Teils
[1] 13               # Ergebnis des 2. Teils
```

2.3.2 Zuweisungen

Sicher möchten Sie Berechnungsergebnisse für weitere Berechnungen nutzen, also müssen sie gesichert werden. Dazu dienen, wie in anderen Programmiersprachen oder sogar bei etwas besseren Taschenrechnern, Variablen. **R** kennt eine ganze Reihe von Variablen-Typen, auf die im Weiteren auch eingegangen wird.

Im Allgemeinen werden Daten (Eingaben, Berechnungsergebnisse,...) Variablen mit dem <- -Zeichen (Kleiner- und Minus-Taste) zugewiesen:

```
> a <- 3 + 5 / 3
```

Der Variable a wurde das Berechnungsergebnis zugewiesen und kann natürlich auch wieder ausgegeben werden. Dazu geben Sie einfach den Variablennamen a ein und nach Enter erhalten Sie folgende Ausgabe:

```
> a
[1] 4.666667
```

Das <- -Zeichen ist bisher das gebräuchlichste. Neu eingeführt wurde das = -Zeichen, welches bisher noch recht selten in Programmen, bzw. deren Dokumentation erscheint. Achten Sie in Ihren späteren eigenen Projekten bei der Verwendung des = -Zeichens bei Zuweisungen auf eventuellen Problemen.

Natürlich funktioniert auch eine derartige Zuweisung:

```
> 3 + 5 / 3 -> a
> a
[1] 4.666667
```

Von dieser Art der Zuweisung (`Ausdruck -> Variable`) sollten Sie Abstand nehmen. Sie entspricht nicht dem Gewohnten und ist dadurch schlecht lesbar.

2.3.3 Objekte und Workspace

Im Kapitel *2.3 Die ersten Schritte* wurde schon auf die Frage *Workspace sichern?* von **R** aufmerksam gemacht, die gestellt wird, wenn **R** beendet werden soll. Da Sie während der Arbeit mit **R** *Objekte* im **R** Workspace anlegen, möchte **R** hier wissen, ob Sie diese Objekte mit dem Workspace speichern möchten.

Nun, was ist ein Objekt? Jede Variable, ob nun ein Skalar, Vektor, Matrix, usw. oder Funktion ist ein Objekt! Im Kapitel *2.3.2 Zuweisungen* haben Sie durch die Zuweisungsfunktion `<-` das Objekt `a`, ein Skalar, erzeugt.

Objekt suggeriert schon, das es sich bei **R** um eine objektorientierte Sprache handelt. Über die Funktion `class()` kann nun die Klasse des Objekts `a` festgestellt werden:

```
> a <- 3 + 5 / 3
> class(a)
[1] "numeric"
```

`a` ist eine einfache und in den meisten Fällen nichts sagende Objekt-(Variablen-) Bezeichnung. Natürlich ist es bestimmt nicht nötig, für jede „schnelle“ Berechnung, die Sie „zwischenspeichern“ möchten, einen gut lesbaren Variablennamen zu vergeben. Empfehlen möchte ich es dennoch! Wenn Sie später eigene Programme schreiben, haben Sie dann schon eine der wichtigsten Regeln, die der lesbaren Variablennamen, schon verinnerlicht.

Wie dürfen Objekte, wie z. B. Variablen, benannt werden? Objektnamen sollten mit einem Buchstaben beginnen und dürfen Zahlen und einige Sonderzeichen enthalten. Operatoren dürfen nicht verwendet werden!

Hier einige Beispiele:

```
> Meine_Variable <- 1          #1. Möglichkeit
> MeineVariable <- 2           #2. Möglichkeit
> Meine.Variable <- 3          #3. Möglichkeit
> meine_variable <- 4          #4. Möglichkeit
```

Sie werden sicher noch weitere sinnvolle Beispiele finden. Möglichkeit 4 zeigt, dass zwischen Groß- und Kleinschreibung unterschieden wird, siehe Möglichkeit 1.

Im obigen Beispiel wurden 4 unterschiedliche Variablen (Objekte) erzeugt. Prüfen Sie dies nach, indem Sie die Variablen der Reihe nach, wie beispielhaft gezeigt, eingeben:

```
> Meine_Variable
[1] 1
```

Sollten Sie sich beim Eingeben der Variablenbezeichnung vertippen und sollte dieses Objekt tatsächlich nicht vorhanden sein, macht **R** Sie mit einer Fehlermeldung darauf aufmerksam:

```
Fehler: Objekt "Ihre Eingabe" nicht gefunden
```

In den Beispielen zum Objektnamen *Variable*, haben Sie schon stillschweigend das Kommentarzeichen **#** kennengelernt. Alle diesem Zeichen folgenden Eingaben werden als Kommentar angenommen und vom ***R**-Interpreter* ignoriert. Mit dem Kommentarzeichen **#** stolpern wir nun schon über eine weitere wichtige Programmierstilregel! Darauf wird in dem Kapitel *4 Programmieren in R* noch ausführlich eingegangen. In dem hier gezeigten Zusammenhang dienen Kommentare nur zu Ihrem Verständnis.

Kommen wir nun zum *Workspace*!

Nachdem Sie nun eine Vorstellung von Objekten haben, können Sie mit der Frage nach deren Sicherung mehr anfangen.

Gehen wir davon aus, dass Sie ein Objekt Meine_Variable angelegt und diesem Objekt einen Skalar zugewiesen haben:

```
> Meine_Variable <- 1
```

Wenn Sie nun **R** über das Menü **Datei -> Beenden** oder q() verlassen, wird Ihnen, wie immer, die Frage „*Workspace sichern*“ (Abbildung 5) gestellt.

Beantworten Sie die Frage mit **Ja**. Der Workspace wird mit den angelegten Objekten auf Ihrer Festplatte gespeichert.

Rufen Sie nun **R** über das **R**-Symbol auf Ihren Desktop wieder auf und geben direkt Meine_Variable wieder ein:

```
> Meine_Variable
[1] 1
```

Wie oben gezeigt, werden Sie feststellen, dass das Objekt Meine_Variable vorhanden ist und der zugewiesene Wert ausgegeben wird.

D. h., haben Sie den Workspace gespeichert, wird dieser beim nächsten **R**-Start direkt mit geladen!

Nun denken Sie sicher: „Was habe ich denn alles gespeichert?" Das können Sie durch Eingabe der Funktion ls() in Erfahrung bringen:

```
> ls()
[1] "Meine_Variable"
```

Über die Funktion ls() wird Ihnen also der Workspace-Inhalt angezeigt.

Eine weitere Möglichkeit, ohne dass Sie sich an die Funktion ls() erinnern müssen, ist, den Workspace-Inhalt über das Menü **Verschiedenes -> Liste Objekte** darstellen zu lassen (Abbildung 6).

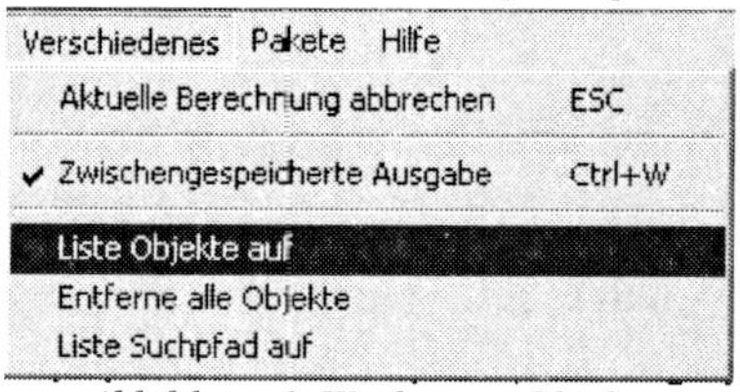

Abbildung 6: Workspace-Objekte

Möchten Sie ein Objekt aus dem Workspace löschen, können Sie dies mit der Funktion rm(*Objektname*) erreichen:

```
> rm(Meine_Variable)
```

Natürlich steht Ihnen auch hier wieder über das Menü **Verschiedenes -> Entferne alle Objekte** eine Möglichkeit zur Verfügung, alle Objekte aus dem Workspace zu löschen (Abbildung 7).

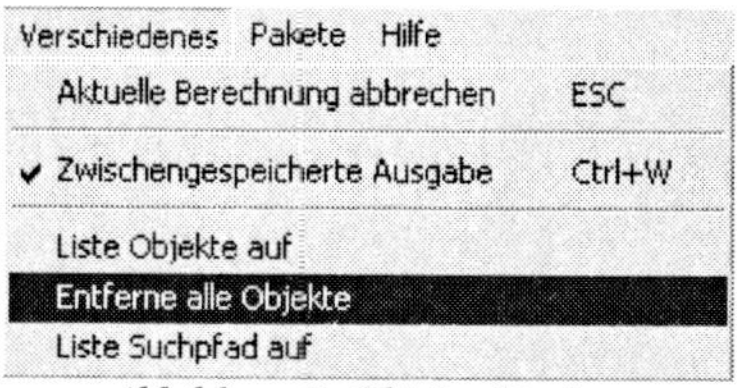

Abbildung 7: Objekte löschen

Sollten Sie versuchen, das Objekt Meine_Variable danach wieder aufzurufen, erhalten Sie die schon gezeigte Fehlermeldung:

```
Fehler: Objekt "Meine_Variable" nicht gefunden
```

Um alle Objekte aus dem Workspace zu löschen, stellt Ihnen **R** auch einen „short-cut“ zur Verfügung: `Strg+L`

Vielleicht möchten Sie jetzt noch wissen, wo der Workspace gesichert wird? Hier hilft die Funktion `getwd()` weiter:

```
> getwd()
[1] "C:/Programme/Statistik/R-2.3.1"
```

Die obige Konsolenausgabe zeigt natürlich *mein* Installationsverzeichnis an. Zum ändern des Workspaceverzeichnisses dient die Funktion `setwd()`:

```
> setwd("c:/temp")
> getwd()                 #Einstellung prüfen
[1] "c:/temp"
```

Auch hier sei die einfachere Möglichkeit über das Menü **Datei -> Verzeichnis wechseln** erwähnt (Abb. 8):

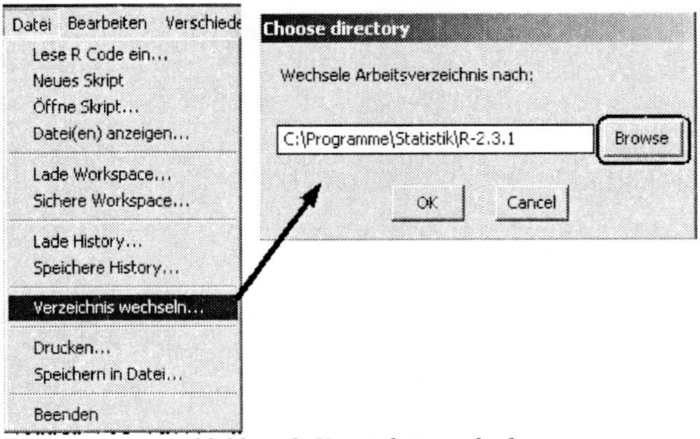

Abbildung 8: Verzeichnis wechseln

Sie können natürlich auch Ihre aktuellen Experimente in einer eigenen Workspace-Datei sichern. Hierzu gehen Sie wieder über das Menü **Datei -> Sichere Workspace** und speichern die Workspace-Datei mit dem hier beispielhaften Namen *WS_Test*, in ein eigens dafür angelegtes Verzeichnis *Mein_Workspace* ab (Abb. 9):

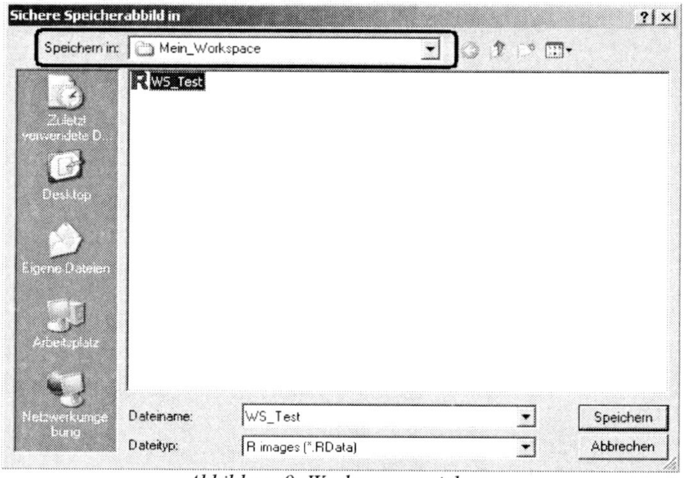

Abbildung 9: Workspace speichern

Das Speichern ist über das Menü eine Windowsstandardfunktionalität. Sie bekommen aber von **R** die Funktion `save.image()` als Rückmeldung auf der Konsole angezeigt:

```
>save.image("C:/Programme/Statistik/R-
2.3.1/Mein_Workspace/WS_Test.RData")
```

Über das **Menü -> Lade Workspace** können Sie das gewünschte, gesicherte Workspace wieder laden. Auch hier kommt wieder Windows zum Zuge und **R** macht folgende Rückmeldung:

```
> load("C:/Programme/Statistik/R-2.3.1/Mein_Workspace/
WS_Test.RData")
```

Nun können Sie Ihre Experimente mit den geladenen Workspace-Objekten fortsetzen.
Haben Sie die Workspace-Objekte geladen, werden Sie sicher die Eingabe der einen oder anderen Funktion, die Sie auf den Workspace-Objekten angewendet haben, vermissen. Die Funktionen werden nicht zusammen mit den Workspace-Objekten gespeichert. Wenn Sie diese wiederverwenden möchten, können Sie diese *Funktionshistorie* bevor Sie Ihre R-Sitzung beenden, über den Menüpunkt **Datei -> Speichere History...** sichern. Über den Menüpunkt **Datei -> Lade History...** können Sie dann Ihre kompletten Experimente mit den Workspace-Objekten wiederholen, da nun auch die benut-

zen Funktionen wieder zur Verfügung stehen (siehe auch Stichwortverzeichnis Konsole, History „Strg + P").

Nicht unerwähnt sollen die Menüpunkte **Drucken** und **Speichern in Datei** bleiben (Abb. 10).

Abbildung 10: Drucken und Speichern

Auch wenn diese Funktionen im Bereich der Konsole anzusiedeln sind, möchte ich sie aus didaktischen Gründen in diesem Kapitel behandeln.

Die Funktion **Drucken** ist simpel, sie gibt den Konsoleninhalt auf den installierten Drucker aus.

Durch Aufruf der Funktion **Speichern in Datei** wird der Konsoleninhalt nicht auf einem Drucker ausgegeben, sondern in eine Text-Datei geschrieben.

Diese Funktion hat sicher Potenzial, wenn Sie Ausgaben auf der Konsole auf einem einfachen Weg in z. B. einem Textverarbeitungsprogramm integrieren möchten.

2.3.4 Mehr zum Objekt Daten

Im Kapitel *2.3.3 Objekte und Workspace* haben Sie schon das Datenobjekt *Variable* in der einfachsten Form kennen gelernt. Die in diesem Kapitel gezeigte Variable ist vom Datentyp *numerisch* mit der Datenstruktur *Skalar*, d. h., sie kann nur einen Wert aufnehmen.

```
> MeineVariable <- 3.4        #Skalar
```

Letztlich gibt es in der **R**-Umgebung keine Datenstruktur Skalar, sondern wird nur als *Vektor* mit der Länge 1 dargestellt.

2.3.4.1 Vektor

Der Vektor ist eine der wesentlichen Datenstrukturen in **R** und die Berechnungen erfolgen *vektororientiert*! Bevor wir zur Bedeutung zur *Vektororientiertheit* kommen, muss erst einmal über die Funktion `c()` (*combine* oder *concatenate*) ein Vektor erzeugt werden:

```
> Vektor_a <- c(10.5, 9.8, 13.3)     #Vektor

> Vektor_a
```

```
[1] 10.5  9.8 13.3                          #Ausgabe
```

Wie Sie oben erkennen können, ist ein Vektor in **R** ein zeilenförmiges Datenobjekt, in dem einzelne Elemente (Zahlen, ...) durch Kommas getrennt werden.

An dieser Stelle möchte ich direkt auf die Funktion `str()` hinweisen. Mit dieser Funktion kann die Datenstruktur der Variablen geprüft werden:

```
> str(Vektor_a)                       #Struktur anzeigen

num [1:3] 10.5 9.8 13.3
```

Die Funktion `str()` zeigt die Struktur eines Objektes, nicht nur die eines *Daten-Objektes*. Probieren Sie es einfach mal mit einer beliebigen Funktion, wie z. B. `str(help)` aus. Die Ausgabe der Funktion `str` für unseren `Vektor_a` zeigt, dass er vom Typ `numeric`, die Dimension `1` bis `3` (3 Elemente) und die Elemente `10.5`, `9.8` und `13.9` beinhaltet.

Vektoren können nicht nur vom Typ numerisch, sondern auch vom Typ logisch oder Zeichenkette sein:

```
> Vektor_log <- c(TRUE, TRUE, FALSE) #Logische Elemente

> str(Vektor_log)

logi [1:3]  TRUE  TRUE FALSE
```

Für logische Vektoren ist auch folgende Abkürzung zulässig:

```
> Vektor_log <- c(T, T, F, F)        #Logische Elemente

> Vektor_log                         #Ausgabe

[1]  TRUE  TRUE FALSE FALSE
```

Zeichenketten müssen mit Anführungszeichen umschlossen werden:

```
> Vektor_char <- c("Meine", "Welt")  #Zeichenkette

> str(Vektor_char)

chr [1:2] "Meine" "Welt"
```

Endlich kommen wir zum erwähnten Begriff *Vektororientiertheit*! Für Einsteiger ist nicht nur der Begriff, sondern sicher viel mehr die dahinter stehenden Möglichkeiten gewöhnungsbedürftig.

Auch hier zur Erklärung einige Beispiele! Erzeugen Sie bitte folgenden `Vektor_a`:

```
> Vektor_a <- c(2, 3.5, 8)

> Vektor_a                           #Kontrolle der Eingabe
```

```
[1] 2.0 3.5 8.0                  #Ausgabe
```

Und nun das 1. Beispiel:

Multiplizieren Sie den `Vektor_a` mit einem Skalar, dem vorher die Zahl 2 zugewiesen wurde:

```
> a <- 2                         #Skalar a
> Vektor_a <- Vektor_a * a       #Multiplikation
> Vektor_a                       #Zeige das Ergebnis
[1]  4  7 16                     #Ergebnis
```

Wie Sie sicher leicht erkennen, wurde jedes Element des Vektors mit dem Skalar multipliziert!

Diese Verhaltensweise trifft natürlich auch für Berechnungen mit den bereits erwähnten Operatoren (`^, *, /, +, -, ...`) zu.

Dazu ein 2. Beispiel:

Der `Vektor_a` wird mit dem Skalar `a` potenziert:

```
> Vektor_a**a                    #Potenzieren mit Variable
> Vektor_a^2                     #Potenzieren über Di-
                                 rekteingabe
[1] 16  49 256                   #Ergebnis
```

Auch am 2. Beispiel haben Sie gesehen, dass die Operationen (Berechnungen) für alle Elemente des Vektors ohne weiteres dazutun durch Sie erfolgen. Diese große Stärke von **R** wird *Vektororientiertheit* genannt und Sie werden diese Eigenschaft, auch wenn Sie hier und da darüber stolpern werden, nicht mehr missen wollen.

Sollten Sie schon mit anderen Programmiersprachen, z. B. mit *BASIC*, Erfahrung gesammelt haben, werden Ihnen einige der folgenden Operationen aus dem Bereich der Zeichenkettenbearbeitung (string) sicher bekannt vorkommen.

Vektoren zusammenfassen:

```
> a <- c(1,2,3)                  #1. Verktor
> b <- c(4,5,6)                  #2. Vektor
> ab <- c(a,b)                   #Zusammenfassen
> ab                             #Ausgabe
[1] 1 2 3 4 5 6
```

Noch wissen Sie, dass der Vektor `ab` 6 Elemente beinhaltet, aber **R** stellt Ihnen natürlich auch eine Funktion bereit, um die Anzahl der Elemente bestimmen zu können: `length()`

```
> length(ab)            #Anzahl der Elemente des Vektors
[1] 6
```

Ihnen wird auch die Möglichkeit geboten, auf einzelne Elemente oder auf Elementbereiche zuzugreifen:

```
> ab <-c(11,22,33,44,55,66,77)        #Vektor ab
> ab[c(2)]         #Zugriff auf das 2. Element
[1] 22             #Ausgabe
> ab[c(2,3)]       #Zugriff auf die Elemente 2 und 3
[1] 22 33          #Ausgabe
> ab[c(2:4)]       #Zugriff auf die Elemente 2 bis 4
[1] 22 33 44       #Ausgabe
> ab[c(4:2)]       #Zugriff auf die Elemente 4 bis 2
[1] 44 33 22       #Ausgabe
> ab[-c(2,4)]  #Die Elemente 2 und 4 ausschließen!
[1] 11 33 55 66 77      #Ausgabe
> ab[ab > 40]  #Zeige die Elemente > 40
[1] 44 55 66 77         #Ausgabe
> ab[3] <- ab[3]-3      #Vom 3. Element wird 3
                        subtrahiert
> ab[3]
[1] 30             #Ausgabe
```

Sie können Vektoren auch mit Elementen vorbelegen:

```
> Jahr <- 1999:2002     #Sequenz erzeugen
> Jahr                  #Ausgabe
[1] 1999 2000 2001 2002
> Zahl <- seq(1,3, by = 0.5)   #Eine Sequenz mit be-
                               stimmten Abstand erzeu-
                               gen
> Zahl             #Ausgabe
[1] 1.0 1.5 2.0 2.5 3.0
> Zahl <- seq(1,-5)     #Sequenz in den negativen Bereich
```

```
> Zahl          #Ausgabe
[1]  1  0 -1 -2 -3 -4 -5
```

Obige Beispiele zeigen einige Variationsmöglichkeiten und diese lassen sich mit der Vorbelegung durch gleiche Elemente abschließen:

```
> Zahl <- rep(3, 6)    #Die Zahl 3 6 mal wiederholen
> Zahl          #Ausgabe
[1] 3 3 3 3 3 3
```

Eine weitere nützliche Eigenschaft ist das Benennen der Vektorelemente:

```
> Körper <- c(Länge = 3, Breite = 4, Höhe = 6)
> Körper        #Ausgabe
 Länge Breite   Höhe
     3      4      6
```

Es gibt sicher noch eine Reihe weiterer Möglichkeiten im Umgang mit Vektoren und auf diese wird, wenn notwendig, im weiteren Text hingewiesen.

2.3.4.2 Matrizen

Die Matrix ist neben dem Vektor eine weitere wesentliche Datenstruktur in **R**. Eine Matrix ist ein zweidimensionales Objekt und wird in **R** intern durch Vektoren dargestellt. Diese Bemerkung *muss* schon hier erfolgen und damit Sie nicht rätseln warum, soll die folgende 5x6-Matrix `Beispiel`...

2	1	2	2	3
3	7	4	3	5
5	6	6	5	6
5	7	7	6	7
3	2	3	7	8
4	4	5	7	9

Tabelle 1: Matrixbeispiel

... durch die Funktion `matrix(c(Elemente, ncol = 5, byrow=TRUE)` erzeugt werden:

```
> Beispiel <- matrix(c(2,1,2,2,3, 3,7,4,3,5, 5,6,6,5,6,
5,7,7,6,7, 3,2,3,7,8, 4,4,5,7,9), ncol=5, byrow=TRUE)
```

Wie Sie über die grau markierten Elemente erkennen können, wurde die Matrix zeilenweise und über die Spaltenzahl `ncol=5` definiert, erzeugt. Wenn Sie sich die Funktionsstruktur `matrix(c(....)..)` anschauen, wird Ihnen sicher die Funktion `c()` auffallen. Dadurch wird in diesem Beispiel ein Vektor mit der Länge `ncol` erzeugt, dem die Elemente durch `byrow=TRUE` (`TRUE` kann auch mit `T` abgekürzt werden) zeilenweise zugeordnet werden.
Bevor wir auf weitere Möglichkeiten der Matrixerzeugung eingehen, sollten Sie die Eingabe auf Richtigkeit prüfen:

```
> Beispiel

     [,1] [,2] [,3] [,4] [,5]

[1,]    2    1    2    2    3
[2,]    3    7    4    3    5
[3,]    5    6    6    5    6
[4,]    5    7    7    6    7
[5,]    3    2    3    7    8
[6,]    4    4    5    7    9
```

Eine weitere Möglichkeit Matrizen zu erzeugen, ist die Kombination von Vektoren über die Funktionen `cbind()` und `rbind()`. Die Vektoren `a` und `b`...

```
> a
[1] 11 12 13 14 15 16
> b
[1] 21 22 23 24 24 26
```

... werden zur Konsolenausgabe zu einer Matrix zusammengefasst:

```
> cbind(a,b)              #Spaltenweise!
      a  b
[1,] 11 21
[2,] 12 22
[3,] 13 23
[4,] 14 24
[5,] 15 24
[6,] 16 26
> rbind(a,b)              #Zeilenweise!
  [,1] [,2] [,3] [,4] [,5] [,6]
a   11   12   13   14   15   16
b   21   22   23   24   24   26
```

Natürlich kann diese Kombination einer Variablen zugewiesen werden. Sollten die Vektoren, die Sie kombinieren möchten, nicht die gleiche Länge haben, wird der kürzere Vektor bis zur Erreichung der Größe des längsten Vektors wiederholt:

```
> c
[1] 31 32 33
> rbind(a,b,c)
  [,1] [,2] [,3] [,4] [,5] [,6]
a   11   12   13   14   15   16
b   21   22   23   24   24   26
c   31   32   33   31   32   33
```

Um nun Ordnung in die Matrix zu bekommen, wird Ihnen die Möglichkeit der Zeilen- und Spaltenbeschriftung über die Funktionen `colnames()` und `rawnames()` geboten. Im folgenden Beispiel gehen wir davon aus, dass Zeilen und Spalten der Matrix `Beispiel` beschriftet werden sollen. Dazu werden 2 Vektoren `Zeilen` und `Spalten` angelegt...

```
> Zeilen <- c("Z1","Z2","Z3","Z4","Z5","Z6")
```

```
> Spalten <- c("S1","S2","S3","S4","S5")
```

... und über die Funktionen `colnames()` und `rawnames()` der Matrix `Beispiel` zugeordnet:

```
> rownames(Beispiel) <- Zeilen          #Zeilen
> colnames(Beispiel) <- Spalten         #Spalten
> Beispiel                              #Test-Ausgabe
   S1 S2 S3 S4 S5
Z1  2  1  2  2  3
Z2  3  7  4  3  5
Z3  5  6  6  5  6
Z4  5  7  7  6  7
Z5  3  2  3  7  8
Z6  4  4  5  7  9
```

Im Kapitel *2.3.4.1 Vektor* haben Sie Zugriffsmöglichkeiten auf die Vektorelemente kennen gelernt und diese gelten ebenso im Bereich der Matrizen. Ein Element einer Matrix wird durch folgende Indizierung angesprochen:

Matrix[Zeile, Spalte]

D. h., das 3. Element in der 2. Zeile der `Beispiel`-Matrix wird wie folgt aufgerufen:

```
> Beispiel[2,3]
[1] 4               #Ausgabe
```

Bereiche aus der Matrix können über diese Indizierung ebenso aufgerufen werden:

```
> Beispiel[2,3:4]      #2. Zeile, die Elemente 3 bis 4
S3 S4               #Ausgabe
 4  3
```

Möchten Sie bestimmte Zeilen oder Spalten (also einen Vektor) einer Matrix ansprechen, lassen Sie die Zeilen- oder Spaltenangabe in der Indizierung weg:

```
> Beispiel[3, ]        #3. Zeile ausgeben
S1 S2 S3 S4 S5         #Ausgabe
 5  6  6  5  6
> Beispiel[ ,3]        #3. Spalte ausgeben
Z1 Z2 Z3 Z4 Z5 Z6      #Ausgabe
 2  4  6  7  3  5
```

Aus Ihrem Mathematikunterricht sind Ihnen sicher noch einige Matrixoperationen[1] bekannt. Einige sind in der nachfolgenden Tabelle als **R**-Funktionen aufgeführt:

Funktion	Beschreibung
`t()`	Transponieren einer Matrix
`det()`	Berechnung der Determinante
`solve()`	Matrixinvertierung
`eigen()`	Eigenwerte und Vektoren der Matrix
`qr()`	QR-Zerlegung
`diag()`	Abfragen oder Setzen der Hauptdiagonalen. Versuchen Sie mal `diag(Beispiel)`, anschließend `diag(Beispiel) <- c(1,1,1,1,1)` und anschließend wieder `diag(Beispiel)`!
`%*%`	Matrixmultiplikation

Tabelle 2: Matrixfunktionen

Nicht unerwähnt soll die Möglichkeit der Matrixbearbeitung mit Hilfe des Dateneditors bleiben. Der Editor wird über das Menü **Bearbeiten -> Dateneditor...** aufgerufen. Nach der Eingabe der zu bearbeitenden Matrix (hier `Beispiel`) wird diese wie folgt dargestellt (Abb. 11):

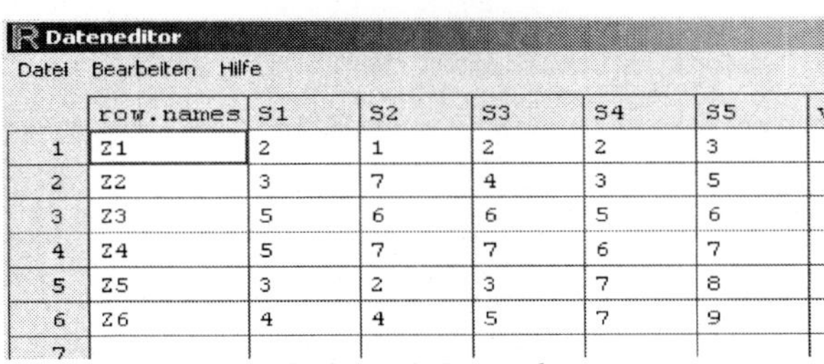

	row.names	S1	S2	S3	S4	S5	v
1	Z1	2	1	2	2	3	
2	Z2	3	7	4	3	5	
3	Z3	5	6	6	5	6	
4	Z4	5	7	7	6	7	
5	Z5	3	2	3	7	8	
6	Z6	4	4	5	7	9	
7							

Abbildung 11: Dateneditor

Nun können Sie elegant den Inhalt der Elemente bearbeiten. Über **Datei -> Schließe** werden die Änderungen in der Matrix gespeichert. Wie oben er-

1 Siehe www.faes.de -> Mathematische Grundlagen

wähnt, können Matrizen als kombinierte Vektoren aufgefasst werden, oder auch als 2-dimensionale *Arrays*. Dieses Objekt wird im nächsten Kapitel behandelt.

2.3.4.3 Arrays

Arrays sind eine Verallgemeinerung der Datenstrukturen vom Vektor (1-dimensionales Array) über die Matrix (2-dimensionales Array) bis hin zum mehrdimensionalen Array. Sollten Sie andere Programmiersprachen, vielleicht einen Basic-Dialekt kennen, sind Sie sicher mit dem Begriff Array vertraut.
Um nun ein 1-dimensionales Array zu erzeugen, geben Sie folgende Anweisung ein:

```
> a_dim1 <- array(dim = 5)
> a_dim1                          #Ausgabe
[1] NA NA NA NA NA                #Keine Werte vorhanden
```

Die Funktion `array` in Verbindung mit `dim` und dem Argument `5` bedeutet in diesem Beispiel, erzeuge ein 1-dimensionales Array mit 5 Elementen. Da diese Elemente zum Zeitpunkt des Anlegens natürlich *leer* sind, werden sie durch **R** mit dem Inhalt `NA` vorbelegt. `NA` bedeutet `Not Available` und wird in diesem Falle für die fehlenden Werte (*missing value*) als Elementinhalt eingetragen.
Später werden wir sehen, dass Funktionen fehlende Werte berücksichtigen können (Kapitel *3.1.1 Exkurs fehlende Werte*).
Ein 2-dimensionales Array wird durch

```
> a_dim2 <- array(dim = c(3,5))
```

angelegt. Die Dimensionierung wird als Vektor übergeben. Die Kontrolle zeigt, dass wir eine Array mit 3 Zeilen und 5 Spalten erzeugt haben:

```
> a_dim2
     [,1] [,2] [,3] [,4] [,5]
[1,]   NA   NA   NA   NA   NA
[2,]   NA   NA   NA   NA   NA
[3,]   NA   NA   NA   NA   NA
```

Als letztes Beispiel erzeugen wir ein 3-dimensionales Array:

```
> a_dim3 <- array(dim = c(3,5,3))
```

Die Ausgabe des Arrays zur Überprüfung in der nur möglichen 2-dimensionalen Form, ist auf den ersten Blick ungewöhnlich:

```
> a_dim3                      #Ausgabe
, , 1                         #1. Ebene der 3. Dimension!

     [,1] [,2] [,3] [,4] [,5]
[1,]   NA   NA   NA   NA   NA
[2,]   NA   NA   NA   NA   NA
[3,]   NA   NA   NA   NA   NA

, , 2                         #2. Ebene der 3. Dimension!

     [,1] [,2] [,3] [,4] [,5]
[1,]   NA   NA   NA   NA   NA
[2,]   NA   NA   NA   NA   NA
[3,]   NA   NA   NA   NA   NA

, , 3                         #3. Ebene der 3. Dimension!

     [,1] [,2] [,3] [,4] [,5]
[1,]   NA   NA   NA   NA   NA
[2,]   NA   NA   NA   NA   NA
[3,]   NA   NA   NA   NA   NA
```

Am Beispiel des 3-dimensionalen Arrays soll auch die Wertzuweisung demonstriert werden. Dazu wird von dem Array `a_dim3` eine Kopie gemacht:

```
> b_dim3 <- a_dim3                #Kopieren nach b_dim3

> b_dim3[2,2,1] <- 3              #Zuweisung des Werts 3

> b_dim3[,,1]          #Direkte Ausgabe der 1. Ebene
     [,1] [,2] [,3] [,4] [,5]
[1,]   NA   NA   NA   NA   NA
[2,]   NA    3   NA   NA   NA
[3,]   NA   NA   NA   NA   NA
```

Der `NA`-Inhalt des Elementes `[2,2,1]` des Arrays `b_dim3` wurde durch die Zahl `3` ausgetauscht. Vielleicht drängt sich Ihnen nun die Frage auf, ob der Inhalt der Elemente auf `NA` oder einem *anderen* Wert geprüft werden kann. Dazu bietet **R** Ihnen die `is.na`-Funktion an:

```
#1. Beispiel:
> is.na(b_dim3[1,1,1])            #Ist der Inhalt des
                                  #Elementes [1,1,1] = NA?
[1] TRUE                          #Ja, entspricht NA

#2. Beispiel:
> is.na(b_dim3[2,2,1])            #Ist der Inhalt des
                                  #Elementes [2,2,1] = NA?
[1] FALSE                         #Nein, entsp. nicht NA
```

Die Funktion `is.na` liefert als Ergebnis einen Wahrheitswert (`TRUE/FALSE`).

Im 1. Beispiel entspricht der Elementinhalt `NA` und das Ergebnis ist `TRUE`. Im 2. Beispiel ist der Inhalt eine Ziffer und deswegen das Ergebnis gleich `FALSE`, also nein.

2.3.4.4 Listen

Das flexibelste Datenobjekt ist die Liste, da es Objekte anderer Datenstrukturen enthalten kann, z. B. Vektoren *und* Matrizen. Eine Liste wird durch die Funktion `list()` erzeugt:

Liste <- `list`(Objekt 1, Objekt 2, Objekt n)

Zur Übersichtlichkeit ist es empfehlenswert, die Objekte für die Liste vor der Zuweisung zu erzeugen:

```
#Vektoren:
> Vektor_a <- c(1,2,3,4,5)            #1. Objekt
> Vektor_b <- c("a","b","c","d","e") #2. Objekt
#Matrix als 3. Objekt:
> Matrix_a <- matrix(c(11,12,13,14,15, 21,22,23,24,25,
+ 31,32,33,34,35, 41,42,43,44,45, 51,52,53,54,55),
ncol=5, byrow=T)
```

Ihnen ist sicher nicht das +-Zeichen in dem Vektor zur Matrixerzeugung entgangen. Dieses Zeichen bedeutet, dass die `Enter`-Taste gedrückt wurde, bevor die Eingabe zur Matrixerzeugung komplett abgeschlossen wurde. **R** fordert Sie nun auf, die Eingabe fortzusetzen. Das +-Zeichen wird auch *Continuation Prompt* genannt. Im nächsten Schritt wird nun die Liste erzeugt:

```
> Liste <- list(Vektor_a, Vektor_b, Matrix_a)
```

Ein Aufruf der erzeugten Liste `Liste` zeigt die folgende Datenstruktur:

```
> Liste                            #Ausgabe
[[1]]
[1] 1 2 3 4 5                      #Vektor_a

[[2]]
[1] "a" "b" "c" "d" "e"            #Vektor_b

[[3]]
     [,1] [,2] [,3] [,4] [,5] #Matrix_a
[1,]   11   12   13   14   15
[2,]   21   22   23   24   25
[3,]   31   32   33   34   35
[4,]   41   42   43   44   45
[5,]   51   52   53   54   55
```

Möchten Sie nun z. B. auf den `Vektor_a` zugreifen, erfolgt dies über den `[[]]`-Operator:

```
> Liste[[1]]                    #Ausgabe Vektor_a
[1] 1 2 3 4 5
```

Auf ein einzelnes Element der Vektoren `a` oder `b` wird folgendermaßen zugegriffen:

```
> Liste[[1]][2]                 #2. Element von Vektor_a
[1] 2
> Liste[[2]][3]                 #3. Element von Vektor_b
[1] "c"
```

Der Zugriff auf Elemente der Matrix erfolgt über die Indizierung

Liste[[list-Objekt]][Zeile, Spalte]:

```
> Liste[[3]][2,3]               #2-te Zeile, 3-te Spalte
                                der Matrix_a
[1] 23
```

Eine Liste kann mit einer direkten Namenszuordung der `list`-Objekte durchgeführt werden. Dadurch kann sich das Ansprechen der Listen-Objekte wesentlich übersichtlicher gestalten:

```
> Liste_Namen <-list(Vektor_a=Vektor_a,
+ Vektor_b=Vektor_b, Matrix_a=Matrix_a)
```

Die Prüfung der Liste `Liste_Namen` zeigt nun, dass die Objekt-Nr. gegen die Bezeichnung `Vektor_a`, `Vektor_b` und `Matrix_a` *ausgetauscht* wurde:

```
> Liste_Namen                   #Ausgabe
$Vektor_a
[1] 1 2 3 4 5                   #Vektor_a

$Vektor_b
[1] "a" "b" "c" "d" "e"         #Vektor_b

$Matrix_a
     [,1] [,2] [,3] [,4] [,5]   #Matrix_a
[1,]   11   12   13   14   15
[2,]   21   22   23   24   25
[3,]   31   32   33   34   35
[4,]   41   42   43   44   45
[5,]   51   52   53   54   55
```

Der Zugriff auf `Vektor_a` erfolgt jetzt vereinfacht durch Ansprechen mit dem *Namen* über den `$`-Operator:

```
> Liste_Namen$Vektor_a          #Ausgabe
[1] 1 2 3 4 5
```

Für die `Matrix_a` erfolgt das Ansprechen der Elemente analog:

```
> Liste_Namen$Matrix_a[2,3]    #Ausgabe
[1] 23
```

In der späteren Nutzung von **R**-Funktionen, werden Sie oft auf List-Ausgaben stoßen.

2.3.4.5 Faktoren

Faktoren nehmen als Datenobjekt kategoriale Daten wie z. B. „blau“, „grün“, „gelb“ oder „rot“ auf und ordnen diese auf der sog. *Levelebene*. Faktoren werden über die Funktion `factor(c())` angelegt:

```
> Farbe <- factor(c("blau", "grün", "gelb", "rot"))

> Farbe                         #Ausgabe
[1] blau grün gelb rot
Levels: blau gelb grün rot      #Levels, sortiert!
```

Im Kapitel *2.3.4.6 Datensätze* und in Folgendem wird auf das Thema Faktoren noch eingegangen.

2.3.4.6 Datensätze

Bei der Datenstruktur Datensatz (data frame, Datentabelle) handelt es sich im Grunde um die Datenstruktur einer Liste, bei der die zugrunde liegenden Vektoren die gleiche Länge aufweisen müssen.
Sehr viele **R**-Funktionen erwarten Datensätze als Argument. Im Kapitel *2.5 Pakete* wird erwähnt, dass neben den zusätzlichen Funktionen oft auch Beispieldatensätze über die Paketinstallation zur Verfügung gestellt werden. Diese Datensätze sind sehr oft von der Datenstruktur Datensatz. Somit kann gesagt werden, das Datensätze *die* Datenstruktur in der R-Umgebung ist.

Ein Datensatz wird über die Funktion `data.frame()` gebildet:

```
># Bildung der Vektoren für den Datensatz:

> Wirkstoff_Code <- c("WI0815", "WI0816", "WI0817")

> Gehalt_MW <- c(98.3, 96.5, 97.9)

> Varianz <- c(1.1, 0.8, 1.2)

># Bildung des Datensatzes:
```

```
> Wirkstoffe <- data.frame(Wirkstoff_Code, Gehalt_MW,
Varianz)

> Wirkstoffe            #Ausgabe
  Wirkstoff_Code Gehalt_MW Varianz
1         WI0815      98.3     1.1
2         WI0816      96.5     0.8
3         WI0817      97.9     1.2
```

Die Nummerierung der ausgegebenen Datensatzzeilen erfolgt durch **R**. Wenn Sie die Datenstruktur des Datensatzes `Wirkstoff` prüfen, werden Sie feststellen, dass die alphanumerischen Daten als Faktor (siehe *2.3.4.5 Faktoren*) und die numerischen, wie erwartet, als numerische Daten gespeichert werden:

```
> str(Wirkstoffe)              #Ausgabe
`data.frame':   3 obs. of  3 variables:
 $ Wirkstoff_Code: Factor w/ 3 levels
"WI0815","WI0816",..: 1 2 3
$ Gehalt_MW      : num  98.3 96.5 97.9
$ Varianz        : num  1.1 0.8 1.2
```

Möchten Sie einzelne Daten oder Datensätze des Datensatzes `Wirkstoffe` ausgeben, erfolgt dies schon durch die im Kapitel *2.3.4.4 Listen* bekannten Möglichkeiten:

```
> Wirkstoffe[2,2]       #Ein Element des Gehalt-Vektors
[1] 96.5

> Wirkstoffe[2,]        #Ausgabe des 2. Datensatzes
  Wirkstoff_Code Gehalt_MW Varianz
2         WI0816      96.5     0.8

> Wirkstoffe$Varianz    #Ausgabe des Datensatzes Varianz
[1] 1.1 0.8 1.2

> Wirkstoffe$Varianz[2]        #2. Element des Varianz-
                                datensatzes
[1] 0.8
```

Datensätze sind i. d. R. deutlich größer als unser kleiner Beispieldatensatz `Wirkstoffe`. Dann sind Sie vielleicht nur an Daten interessiert, die bestimmten Bedingungen entsprechen. Um diese Daten aus dem Gesamtdatensatz herauszufiltern, benötigen wir nun die logischen Operatoren:

Operator	Beschreibung
`==, !=`	gleich, ungleich
`>, >=`	größer als, größer gleich
`<, <=`	kleiner als, kleiner gleich

Tabelle 3: Logische Operatoren

Ausgerüstet mit obigen logischen Operatoren können wir nun z. B. die Datensätze extrahieren, deren Gehaltsmittelwert > 97 % beträgt:

```
> Wirkstoffe[Wirkstoffe$Gehalt_MW > 97,]
  Wirkstoff_Code Gehalt_MW Varianz
1         WI0815      98.3     1.1
3         WI0817      97.9     1.2
```

Der 2. Datensatz wird nicht ausgegeben, weil er der Bedingung nicht genügt. Achten Sie bitte auf das Komma nach dem Selektionskriterium 97! Wenn Sie das Komma vergessen, wird Ihnen der gesamte Datensatz *ohne* den Vektor `Gehalt_MW` ausgegeben! Ihnen ist natürlich unbenommen, diese Selektion in einem neuen Datensatz zu speichern:

```
> WS_Extrakt <- Wirkstoffe[Wirkstoffe$Gehalt_MW > 97,]
```

Eine weitere Möglichkeit zur Datenselektion aus einem Datensatz, ist die Funktion `subset()`:

```
> subset(Wirkstoffe, Gehalt_MW > 97)
```

Diese Funktion ist übersichtlicher als die Selektion über logische Operatoren und zugleich in den Möglichkeiten mächtiger! Möchten Sie beispielsweise die Varianz nicht mit selektieren, können Sie dies über das Argument `select` erreichen:

```
> subset(Wirkstoffe, Gehalt_MW > 97, select = -3)
  Wirkstoff_Code Gehalt_MW
1         WI0815      98.3
3         WI0817      97.9
```

Wie schon erwähnt, spielt die Datenstruktur Datensatz eine zentrale Rolle innerhalb **R**. Deswegen wird eine Reihe von Werkzeugen zur Datensatzmanipulation angeboten. Zum Zusammenfügen von Datensätzen wird Ihnen die Funktion `merge()` angeboten. Im folgenden Beispiel soll der Datensatz `Wirkstoffe` mit dem Datensatz Q_Lage zu einem neuen Datensatz zusammengefügt werden:

```
># Bildung des neuen Datensatz Q_Lage:
```

```
> Qualitaet <- c("o.k.", "nicht o.k.", "o.k.")

> Q_Lage <- data.frame(Wirkstoff_Code, Qualitaet)

> Q_Lage                #Ausgabe zur Orientierung!
  Wirkstoff_Code  Qualitaet
1         WI0815       o.k.
2         WI0816 nicht o.k.
3         WI0817       o.k.
```

Der Wirkstoffcode wurde mit einer Qualitätsentscheidung verknüpft und im Datensatz `Q_Lage` gespeichert. Im nächsten Schritt werden beide Datensätze zu einem neuen verknüpft:

```
> Q_Lage_WS <- merge(Wirkstoffe,Q_Lage, all.x = T)

> Q_Lage_WS             #Ausgabe
  Wirkstoff_Code Gehalt_MW Varianz  Qualitaet
1         WI0815      98.3     1.1       o.k.
2         WI0816      96.5     0.8 nicht o.k.
3         WI0817      97.9     1.2       o.k.
```

Das Argument `all.x = T(RUE)` muss in diesem Falle nicht gesetzt werden, da für jeden Eintrag in `Q_Lage` auch ein Eintrag in `Wirkstoffe` erwartet wird. Wenn in `Wirkstoffe` ein Eintrag nicht zugeordnet werden kann, wird dieser Eintrag mit `NA` versehen. Zur Veranschaulichung wurde der Datensatz `Q_Lage_WS` bezüglich des Wirkstoffcodes angepasst (graue Markierung):

```
  Wirkstoff_Code Gehalt_MW Varianz Qualitaet
1         WI0815      98.3     1.1      o.k.
2         WI0816      96.5     0.8      <NA>
3         WI0817      97.9     1.2      o.k.
```

Kommen wir zurück zum originalen Datensatz `Q_Lage_WS`. In diesem Datensatz befindet sich eine Datenzeile, Nr. 2, mit der Qualitätsausprägung „`nicht o.k.`". **R** bietet Ihnen nun eine Möglichkeit, den Datensatz `Q_Lage_WS` z. B. auf Basis der Qualitätsausprägung zu teilen. Diese Teilung wird über die Funktion `split()` erreicht:

```
> Q_Lage_geteilt <- split(Q_Lage_WS, Qualitaet)

> Q_Lage_geteilt        #Ausgabe
$`nicht o.k.`
  Wirkstoff_Code Gehalt_MW Varianz  Qualitaet

$o.k.
  Wirkstoff_Code Gehalt_MW Varianz Qualitaet
1         WI0815      98.3     1.1      o.k.
3         WI0817      97.9     1.2      o.k.
```

`Q_Lage_geteilt` ist natürlich ebenfalls ein Datensatz. Sie sollten, wenn Sie das Beispiel „nach kochen", diesen Datensatz mit `str()` prüfen. Wenn Sie sich nur z. B. für die „nicht o.k."-Datensätze interessieren, können Sie diesen über ...

```
> Q_Lage_geteilt$"nicht o.k."          #Ausgabe
  Wirkstoff_Code Gehalt_MW Varianz  Qualitaet
2         WI0816      96.5     0.8 nicht o.k.
```

... aufrufen.

2.3.5 Mehr zur Datenbearbeitung

Im vorangegangen Kapitel *2.3.4 Mehr zum Objekt Daten* haben Sie natürlich schon Möglichkeiten der Datenbearbeitung kennen gelernt. In diesem Kapitel geht es um das Datensortieren und um die Zeichenkettenbearbeitung. Sie können dieses Kapitel durchaus nur überfliegen und bei Bedarf darauf zurückkommen.

2.3.5.1 Sortieren

Muss der Inhalt eines Vektors aufsteigend oder auch absteigend der Größe nach sortiert werden, bietet Ihnen **R** dazu die Funktion `sort()` an:

```
> Daten <- c(3, 2, 5, 1, 6, 4)          #Ausgangsvektor

> Daten                                 #Ausgabe
[1] 3 2 5 1 6 4

> Daten_aufsteigend <- sort(Daten)      #Aufsteigend sor-
tieren

> Daten_aufsteigend                     #Ausgabe
[1] 1 2 3 4 5 6
```

Der Inhalt des Vektors `Daten` kann auch absteigend sortiert werden:

```
> Daten_absteigend <- sort(Daten, decreasing=TRUE)

> Daten_absteigend                      #Ausgabe
[1] 6 5 4 3 2 1
```

Das Ganze gilt natürlich nicht nur für Zahlen, sondern auch für Zeichen:

```
> Buchstaben_klein <- letters[1:6]      #Ausgangsvektor

> Buchstaben_klein                      #Ausgabe
[1] "a" "b" "c" "d" "e" "f"

> Buchstaben_klein_sort <- sort(Buchstaben_klein, de-
creasing=TRUE)

> Buchstaben_klein_sort                 #Ausgabe
```

```
[1] "f" "e" "d" "c" "b" "a"
```

Die Funktion `letters` erzeugt ohne Angaben eines Bereiches wie im obigen Beispiel `[1:6]`, einen Vektor mit den 26 *kleinen* Buchstaben des Alphabets. Die Funktion `LETTERS` erzeugt hingegen 26 *große* Buchstaben:

```
> Buchstaben_gross <- LETTERS[1:6]

> Buchstaben_gross                    #Ausgabe
[1] "A" "B" "C" "D" "E" "F"
```

2.3.5.2 Zeichenketten

Wenn Sie schon Erfahrung mit anderen Programmiersprachen gesammelt haben, wird Ihnen die Zeichenkettenbearbeitung (*Strings*) nicht unbekannt sein. Auch **R** bietet Ihnen hierzu eine Reihe von Funktionen, die der Reihe nach behandelt werden, an:

Mit `cat()` werden Zeichenketten auf der Konsole oder in Dateien ausgegeben (die Datei-Ausgabe wird später dargelegt):

```
> MW <- 98.5            #Variable Mittelwert

> s <- 0.8              #Variable Standardabweichung

> cat(" Der Mittelwert beträgt: ", MW, "%", "\n", "und
die Standardabweichung: ", s, "%", "\n")
#Ausgabe:
 Der Mittelwert beträgt:  98.5 %
 und die Standardabweichung:  0.8 %
```

Das Argument `"\n"` sorgt für den Zeilenumbruch innerhalb der `cat`-Funktion. Empfehlenswert ist dieses Argument aber auch immer als letztes Argument in einer `cat`-Ausgabe, um definiert mit einer neuen Zeile die nächste Ausgabe beginnen zu können.

Über die Funktion `paste()` können Zeichenketten zusammengesetzt werden:

```
> Teil_1 <- "Das ist"

> Teil_2 <- "eine Zeichenkette!"

> paste(Teil_1, Teil_2)
[1] "Das ist eine Zeichenkette!"
```

Mit der Funktion `strsplit()` erreichen Sie das Gegenteil:

```
> Name <- "Günter Faes"
```

```
> strsplit(Name, " ")
[[1]]
[1] "Günter" "Faes"
```

Die Zeichenkette `Name` wird über das Leerzeichen separiert. Hier können Sie auch andere Zeichen, wie z. B. `"/"` einsetzen:

```
> Name <- "Günter/Faes"

> strsplit(Name, "/")
[[1]]
[1] "Günter" "Faes"
```

Die Funktion `grep()` dient zur Suche von Zeichenfolgen in Vektoren. Möchten Sie z. B. wissen, ob der Umlaut *ü* in einem Vektor enthalten ist, können Sie dies wie folgt feststellen:

```
> Farben <- c("blau", "rot", "gelb", "grün", "GRÜN")

> grep("ü", Farben)
[1] 4                    #Ausgabe, ü befindet sich im 4.
                          Element
```

Das *Ü* in *GRÜN* wurde die Funktion ignoriert. Um dieses Verhalten zu verhindern, geben Sie der Funktion das Argument `ignore.case=T` (T = TRUE) mit:

```
> grep("ü", Farben, ignore.case=T)
[1] 4 5                  #Ausgabe, ü/Ü befinden sich im 4.
                          und 5. Element
```

Eine Alternative zur Funktion `grep()` stellt die Funktion `match()` dar:

```
> match(Farben, "grün")
[1] NA NA NA  1 NA
```

Wenn Sie nun Probleme durch den Umlaut erwarten oder diesen aus beliebig anderen Gründen austauschen möchten, können Sie dieses Vorhaben mit der Funktion `sub()` durchführen:

```
> sub("ü", "ue", Farben)
[1] "blau"   "rot"    "gelb"   "gruen" "GRÜN"
```

Wie erwartet, wurde das *ü* gegen *ue* ausgetauscht. Was machen wir aber nun mit dem *Ü* im *GRÜN*? Hier stellt uns die Funktion auch ein Argument zur Verfügung, um die Klein- und Großschreibung zu ignorieren:

```
> sub("ü", "ue", Farben, ignore.case=T)
[1] "blau"   "rot"    "gelb"   "gruen" "GRueN"
```

Das Resultat sieht aber nicht sehr schön aus. Um alle Ausprägungen des Vektors `Farben` in Kleinschreibung umzuwandeln, stellt R uns die Funktion `tolower()` zur Verfügung:

```
> tolower(Farben)
[1] "blau" "rot"  "gelb" "grün" "grün"
```

Die Umwandlung von Klein- nach Großschreibung erreichen Sie über die Funktion `toupper()`:

```
> toupper(Farben)
[1] "BLAU" "ROT"  "GELB" "GRÜN" "GRÜN"
```

Nun können Sie sich überlegen, ob Sie nun das *ü* oder *Ü* austauschen, dass Resultat ist sicher ansehnlicher.

Über die Funktion `sub()` können Sie auch Textbausteine austauschen, was der Vollständigkeithalber erwähnt werden soll:

```
> #Beispieltext:
> Text <- "Das ist mein Text"

> Text                          #Ausgabe
[1] "Das ist mein Text"

> #Austausch "mein" gegen "Dein einfacher":
> sub("mein", "Dein einfacher", Text)
[1] "Das ist Dein einfacher Text"
```

Wenn Sie jetzt noch wissen möchten, wie viele Zeichen in der Zeichenkette `Text` enthalten sind, können Sie dies über die Funktion `nchar()` erfahren:

```
> nchar(Text)
[1] 17          #Das ist mein Text = 17 Zeichen!
```

Eine sehr flexible Möglichkeit zur formatierten Variablenausgabe ist die Funktion `formatC()`. Die folgenden Beispiele sollen die Möglichkeiten andeuten. Wenn Sie dennoch einen speziellen Formatierungswunsch haben, sollten Sie die **R**-Hilfe aufrufen.

```
> a <- 12.34            #Variable a beispielhaft belegen

# 3 Nachkommastellen ausgeben:
> formatC(a, , digits = 3, format="f")
[1] "12.340"

# 3 Nachkommastellen und Dezimalpunkt gegen Komma tau-
schen:
formatC(a, , digits = 3, format="f", decimal.mark =
",")
[1] "12,340"
```

Nun muss aber gleich gewarnt werden! Das Argument `decimal.mark` erscheint nun verführerisch zum prinzipiellen Austausch des Dezimalpunktes gegen ein Dezimalkomma! Aber Achtung! Die Funktion `formatC()` nimmt eine *Typumwandlung* vor! Wenn Sie obige Formatausgabe in eine Variable, beispielsweise in `b` speichern und dann die Struktur prüfen, werden Sie feststellen, das der Typ von `num` (Numerisch) nach `chr` (Charakter) geändert wurde:

```
> b <- formatC(a, , digits = 3, format="f", decimal.-
mark = ",")

> b            #Ausgabe
[1] "12,340"

#Struktur prüfen:
> str(b)
 chr "12,340"
```

Natürlich werden noch weitere Formatvarianten geboten:

```
> formatC(a, format="E")
[1] "1.2340E+01"

> formatC(a, format="e")
[1] "1.2340e+01"

> formatC(a, , digits = 6, format="g")
[1] "  12.34"  #Erzwungene Ausgabe von 6 Zeichen!

> formatC(a, format="d")
[1] "12"       #Als ganze Zahl
```

Eine weitere Formatierungsfunktion ist `format()` und an einigen Beispielen wird das Zusammenspiel zwischen den Argumenten `digits` und `nsmall` gezeigt:

```
> a <- 12.345678

#Beispiel 1:
> format(a, digits = 3, nsmall = 3)
[1] "12.346"

#Beispiel 2:
> format(a, digits = 3, nsmall = 4)
[1] "12.3457"
```

So weit so gut, aber welche Rolle spielt das Argument `digits` im Vergleich Beispiel 1 zu Beispiel 2? Dann schauen wir uns einmal das 3. Beispiel, ohne das Argument `digits`, an:

```
#Beispiel 3:
> format(a, nsmall = 4)
[1] "12.34568"
```

Das Beispiel zeigt nicht das gewünschte Ausgabeformat von 4 Nachkommastellen! Weil die Argumente `digits` für die Anzahl *signifikanter* Nachkommastellen und `nsmall` für die *minimale* Anzahl *signifikanter* Nachkommastellen zuständig ist, müssen Sie auf die geeignete Einstellung achten, siehe auch Kapitel *Funktionen, 4.1.1 Beispiel Z-Normierung.*

2.4 Datenein- und ausgabe

Was nützt das leistungsfähigste Statistikprogramm, ohne die Möglichkeit einer variablen Datenein- und ausgabe? Sicher nicht viel! Die bisher dargestellte Art und Weise ist sicher für echte Datensätze auch kein gangbarer Weg.
In diesem Kapitel werden Sie einfache Möglichkeiten der Datenein- und ausgabe kennen lernen. Weitergehende Möglichkeiten werden hier nur erwähnt, aber auf der Homepage http://www.r-statistik.de finden Sie dazu Informationen und Beispiele.

2.4.1 Daten über die Konsole einlesen

Für kleinere Datenmengen bietet sich als schneller Weg an, die Daten direkt über die Konsoleneingabe *auszulesen.* Dazu bietet **R** die Funktion `scan()` an:

```
> Daten <- scan()       #Die Eingaben werden in die Va-
                         riable Daten eingetragen
1: 98.5          # 1. Eingabe mit ENTER abgeschlossen
2: 98.2          # 2. Eingabe
3: 98.8          # 3.
4: 98.9
5: 98.7
6: 98.3
7: 98.4
8: 98.1          # Die letzte Eingabe
9:               # Wird durch ENTER ohne Wert abge-
                  schlossen
Read 8 items
```

Die Eingaben werden in dem Vektor `Daten` abgelegt und abgeschlossen durch eine Eingabe *ohne* Wert (9. Eingabe). Schauen wir uns die Struktur an:

```
> str(Daten)
 num [1:8] 98.5 98.2 98.8 98.9 98.7 98.3 98.4 98.1
```

Wenn Sie nun eine etwas längere Dateneingabe*session* hinter sich gebracht haben, verspüren Sie wahrscheinlich den Wunsch, die Daten zu kontrollieren. Dazu bietet sich bei einem überschaubaren Datenumfang wieder der Dateneditor an, der im Kapitel *2.3.4.2 Matrix* schon erwähnt wurde. Sie können den Dateneditor wie bekannt über das Menü **Bearbeiten -> Dateneditor...** oder über die Funktion `fix(`*`Variable`*`)` aufrufen. Wenn Sie über den

Dateneditor gehen, werden Sie natürlich nach dem Namen der Variablen gefragt.

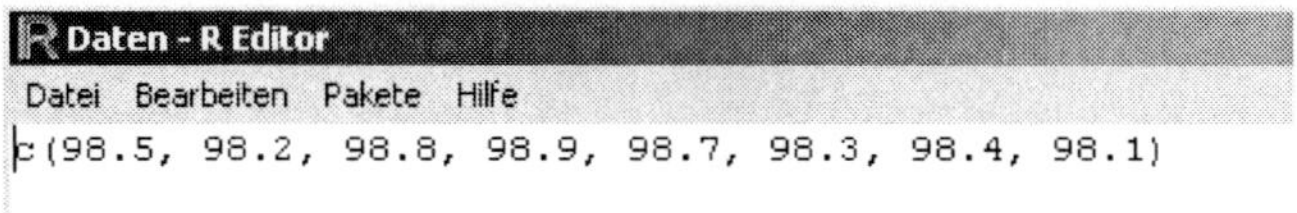

Abbildung 12: Dateneditor, Vektor

Der Dateneditor stellt sich hier ein bisschen anders dar, als aus dem Kapitel *2.3.4.2 Matrix* bekannt (Abb. 12). Letztlich können Sie die eventuell nötigen Korrekturen vornehmen und über den Menüpunkt **Datei -> Speichern** den Dateneditor wieder verlassen.

2.4.2 Dateien im Text-Format einlesen

Daten als Text-Datei (ASCII-Format) einzulesen, ist eine *einfache* und *sichere* Methode. Der Datenumfang kann sich hier vom Kilobyte- bis zum Megabyte-Bereich erstrecken. Ab dem Megabyte-Bereich sollten andere Methoden, z. B. die direkte Datenbankanbindung, zum Tragen kommen.

Das Attribut *sicher* bedarf einer Erklärung, das Attribut *einfach* hingegen, wird durch das Nutzen der Funktion im Folgenden dargelegt. Die Datenerfassung in dem hier angesprochenen Umfang wird wahrscheinlich oft über die Office-Anwendungen *MS Excel*© oder erheblich kostengünstiger über *OpenOffice.org Calc*© erfolgen. Das direkte Auslesen der Daten aus dem jeweiligen Dateiformat (*.xls oder *.ods) kann trotz der angebotenen Möglichkeiten, insbesondere für *MS Excel*©, problematisch sein. Deswegen wird als *sichere* Methode das Speichern des entsprechenden Tabellenblattes im *csv-Text-Format* empfohlen.
Diese Datei kann dann über die Funktionen `read.table()`, `read.csv()` und `read.csv2()` in die R-Umgebung eingelesen werden.

Folgendes Beispiel soll das Erstellen eines Datensatzes mit dem Tabellen-Programm von *OpenOffice*, das Speichern als csv-Datei und das anschließende Einlesen in die **R**-Umgebung über die Funktion `read.csv2()`, darlegen:

Datenerfassung im Tabellenblatt (Abb. 13):

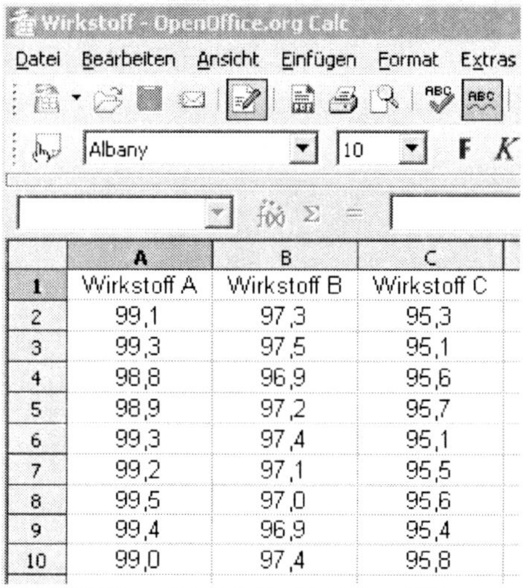

	A	B	C
1	Wirkstoff A	Wirkstoff B	Wirkstoff C
2	99,1	97,3	95,3
3	99,3	97,5	95,1
4	98,8	96,9	95,6
5	98,9	97,2	95,7
6	99,3	97,4	95,1
7	99,2	97,1	95,5
8	99,5	97,0	95,6
9	99,4	96,9	95,4
10	99,0	97,4	95,8

Abbildung 13: Tabellenblatt OpenOffice

Achten Sie hier darauf, dass die Spaltenbezeichnungen, z. B. *Wirkstoff A*, nicht für **R** angepasst sind! Angepasst bedeutet, dass die Spaltenbezeichnung z. B. *Wirkstoff.A* lauten müsste, da **R** in Variablenbezeichnungen nicht mit Leerstellen umgehen kann (siehe Kapitel *Objekte und Workspace*, 3. Beispiel)!
Speichern Sie die Datei unter dem Dateityp *Text CSV (csv).* Beachten Sie den Formathinweis und wählen als Feldtrenner für dieses Beispiel unbedingt das Semikolon aus (Abb. 14):

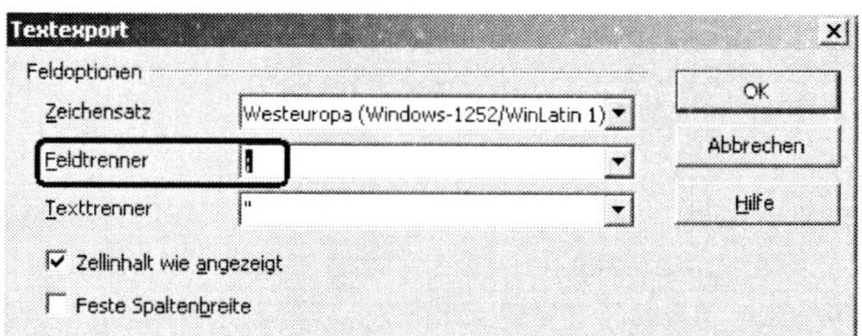

Abbildung 14: Tabelle, Textexport

Bestätigen Sie den Hinweis, dass nur *ein* Tabellenblatt exportiert wird.

Zur Prüfung rufen Sie mit einem Editor die erzeugte Datei (Abb. 15) einfach mal auf...

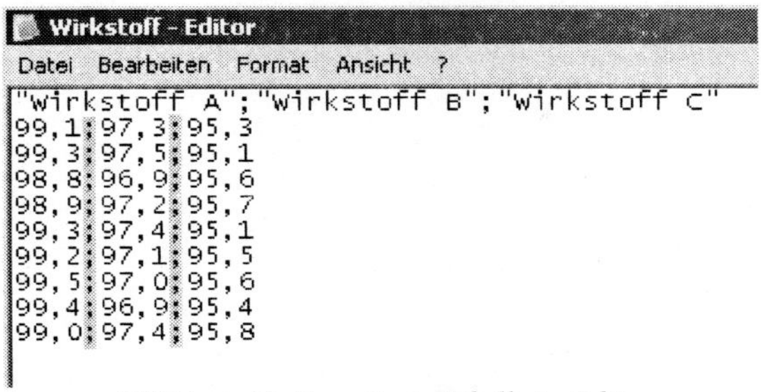

Abbildung 15: Exportierte Tabelle im Editor

... und achten Sie auf das Semikolon als Separator (grau markiert). Auch wurde das Dezimalkomma in die Text-Datei exportiert!

Obige Datei wurde beispielhaft in dem Verzeichnis *C:\Programme\Statistik\R-2.3.1\Eigene_Projekte* abgelegt. Mit `setwd()` ...

```
> setwd("c:/programme/statistik/R-2.3.1/Eigene_Projek-
te")
```

... oder über das Menü **Datei -> Verzeichnis wechseln...** kann dieses Verzeichnis als aktuelles Arbeitsverzeichnis eingestellt werden. Dies sollten Sie aus Bequemlichkeitsgründen auch tun, da Sie sonst mit jedem Dateiaufruf das Verzeichnis mit angeben müssen.
Wenn Sie die original Windows-Verzeichnisnotation (oben *kursiv*) mit dem Funktionsargument für `setwd()` vergleichen, wird Ihnen sicher sofort das „/"-Zeichen (grau markiert) auffallen! Darauf müssen Sie achten, wenn Sie über die Funktion ein bestimmtes Verzeichnis einstellen, sonst meldet Ihnen **R** einen entsprechenden Syntax-Fehler!
Wechseln Sie das Verzeichnis über das Menü, brauchen Sie auf diesen feinen Unterschied nicht zu achten. So weit so gut, nun erfolgt das Einlesen der Datei über die Funktion `read.csv2(`*`Dateiname`*`)` in die **R**-Umgebung:

```
> Wirkstoffe <- read.csv2("Wirkstoff.csv")

> #Ausgabe zur Kontrolle:
Wirkstoffe
  Wirkstoff.A Wirkstoff.B Wirkstoff.C
1        99.1        97.3        95.3
2        99.3        97.5        95.1
3        98.8        96.9        95.6
```

```
4          98.9          97.2          95.7
5          99.3          97.4          95.1
6          99.2          97.1          95.5
7          99.5          97.0          95.6
8          99.4          96.9          95.4
9          99.0          97.4          95.8
```

Die Funktion `read.csv2()` kommt neben dem Dateinamen ohne weitere Argumente aus, da sie als Voreinstellung eine Kopfzeile, das Dezimalkomma und als Separator das Semikolon erwartet. Diese Erwartungen werden häufig von Tabellenkalkulationsprogrammen, die auf deutsche Verhältnisse eingestellt sind, automatisch erfüllt und somit bietet sich diese Funktion aus dem Trio `read.table()`, `read.csv()` und `read.csv2()` geradezu an.
Sie haben sicher bemerkt, dass die Leerstelle in der Spaltenbezeichnung gegen ein „."-Zeichen und das Dezimalkomma gegen einen Dezimalpunkt R-conform ausgetauscht wurde.
Arbeiten Sie mit einer „englischen Version" eines Tabellenkalkulationsprogrammes, sollten Sie die Funktion `read.csv()` verwenden.

Die Variable `Wirkstoffe`, in der die geladenen Dateidaten abgelegt wurden, ist vom Typ ein Datensatz (siehe Kapitel *Datensätze*):

```
> str(Wirkstoffe)
`data.frame':   9 obs. of  3 variables:
 $ Wirkstoff.A: num  99.1 99.3 98.8 98.9 99.3 99.2 99.5
99.4 99
$ Wirkstoff.B: num  97.3 97.5 96.9 97.2 97.4 97.1 97
96.9 97.4
 $ Wirkstoff.C: num  95.3 95.1 95.6 95.7 95.1 95.5 95.6
95.4 95.8
```

Wesentlich mehr Möglichkeiten zum Einlesen einer Text-Datei, bietet die Funktion `read.table()`. Sollte die Ihnen vorliegende Datei in einem ungewöhnlichen Text (ASCII)-Format vorliegen, sollten Sie die Hilfe für `read.table()` aufrufen. Das folgende Beispiel zeigt nur, wie viel „Handarbeit" geleistet werden muss, um obige Datei über `read.table()` einzulesen:

```
> Wirkstoffe2 <- read.table("Wirkstoff.csv", header =
T, sep=";", dec=",")

> #Kontrollausgabe:
> Wirkstoffe2
  Wirkstoff.A Wirkstoff.B Wirkstoff.C
1        99.1        97.3        95.3
2        99.3        97.5        95.1
:          :           :           :
9        99.0        97.4        95.8
```

2.4.3 Dateien im Text-Format speichern

Zur Sicherung Ihrer Datensätze auf einem Speichermedium im Text (ASCII)-Format stehen Ihnen die Funktionen `write.table()`, `write.csv()` und `write.csv2()` zur Verfügung. Das vorangegangene Kapitel *2.4.2 Dateien im Text-Format einlesen* wird als bekannt vorausgesetzt.

Als Beispieldatensatz wird hier der `Wirkstoffe`-Datensatz aus dem Kapitel *2.3.4.6 Datensätze* verwendet:

```
> Wirkstoff_Code <- c("WI0815", "WI0816", "WI0817")
> Gehalt_MW <- c(98.3, 96.5, 97.9)
> Varianz <- c(1.1, 0.8, 1.2)
> #Datensatzbildung:
> Wirkstoffe <- data.frame(Wirkstoff_Code, Gehalt_MW,
Varianz)
```

Um die gesicherte Datei ohne größere Eingriffe direkt in einem Tabellenkalkulationsprogramm, wie z. B. *OpenOffice Calc*, weiterverarbeiten zu können, wird die Datei im csv-Format über die Funktion `write.csv2(`*`Datensatz, Dateiname`*`)` gesichert:

```
> write.csv2(Wirkstoffe, "Datensatz_Beispiel.csv")
```

Wenn das Speichern ohne Fehler verlief, erhalten Sie keine Meldung. Zur Kontrolle schauen wir uns die Datei mit einem Editor an (Abb. 16):

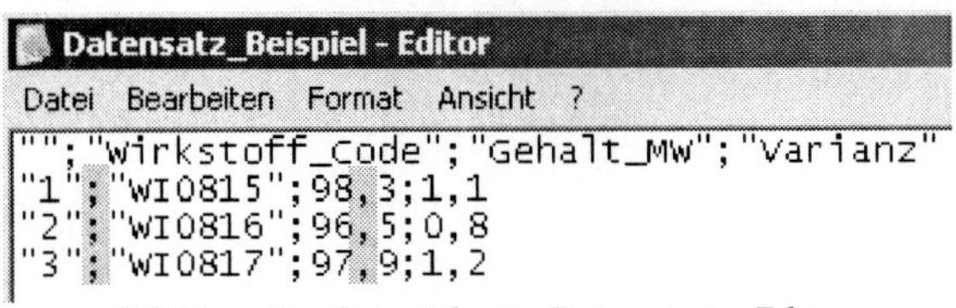

Abbildung 16: Gespeicherter Datensatz im Editor

Durch die Speicher-Funktion `write.csv2()` wurde der Dezimalpunkt durch das Dezimalkomma ersetzt und als Separator das Semikolon eingefügt. Dadurch wird das Einlesen, wie oben schon erwähnt, in einem Tabellenkalkulationsprogramm erleichtert.
Um die Datei in ein Tabellenkalkulationsprogramm einzulesen, stellen Sie den Datentyp in der Öffnen-Funktion Ihres Tabellenprogramms auf **.csv* ein. Anschließend wählen Sie das obige Beispiel *Datensatz_Beispiel.csv* aus und stellen in der Text-Importfunktion eventuell noch weitere Parameter,

wie z. B. das Semikolon als Separator (Trennoption) ein (Abb. 17):

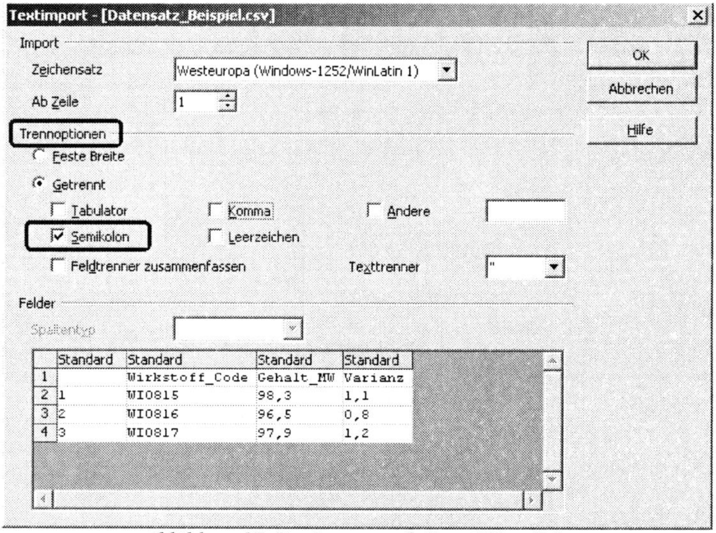

Abbildung 17: Textimport nach OpenOffice Calc

Nach dem Laden steht Ihnen der Datensatz in einem Tabellenblatt zur weiteren Bearbeitung zur Verfügung (Abb. 18):

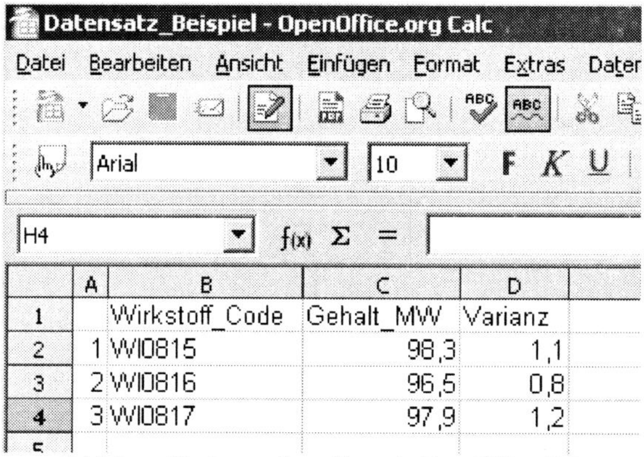

Abbildung 18: Importdarstellung in OpenOffice Calc

2.4.4 Dateien im HTML-Format speichern

Die Speicherung von Dateien bzw. Objekten im allgemeinen Sinne im HTML-Format ist eine interessante Sache und sicher sehr hilfreich, wenn Sie die *Objekte* (Daten, Ergebnisse) direkt auf eine Homepage einbinden möchten.
Nur besteht nun ein kleines Problem! Thematisch gehört dieses Kapitel genau hier hin, aber es muss aus *technischen* Gründen ein Vorgriff auf das nächste Kapitel *2.5 Pakete* gemacht werden! Um die Speicherung im HTML-Format durchführen zu können, wird das Paket ***xtable*** benötigt. Um das Paket zu laden, schauen Sie einfach mal in das Kapitel *2.5.3 Pakete über die R-Umgebung installieren.* Sie werden sehen, das Laden und in die **R**-Umgebung einbinden ist kein Hexenwerk..

Möchten Sie einen Datensatz wie z. B. `Wirkstoffe` als HTML-Datei ausgeben, müssen Sie diesen Datensatz über die `xtable()`-Funktion in ein HTML-Objekt wandeln und über die `sink()`-Funktion an eine Datei *senden*. Schauen wir uns die Schritte im Einzelnen an:

```
>#  Datensatz mit xtable wandeln:
> Ausgabe_Tabelle <- xtable(Wirkstoffe)

>#  Tabelle in die Datei "Ausgabe.html" schreiben
> sink("Ausgabe.html")
> print(Ausgabe_Tabelle, type = "html")
> sink()        # Ausgabe in Datei beenden
```

Abhängig vom eingestellten Verzeichnis, finden Sie nun in diesem die Datei `Ausgabe.html` (Abb. 19):

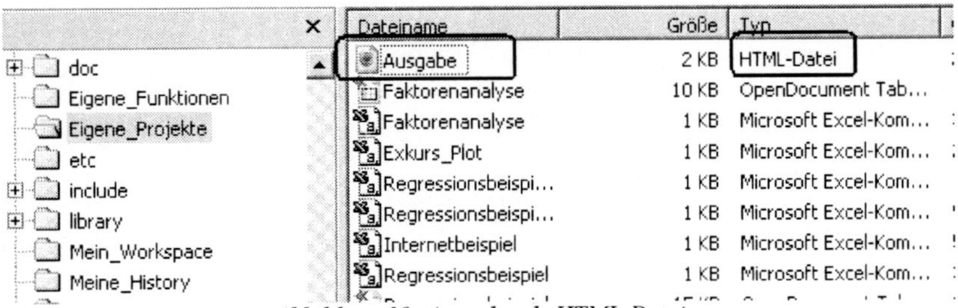

Abbildung 19: Ausgabe als HTML-Datei

Sie können den erzeugten HTML-Code in Ihren Internetseite(n) importieren oder, wie wir es nun machen, einfach einmal über den Explorer anschauen (Abb. 20):

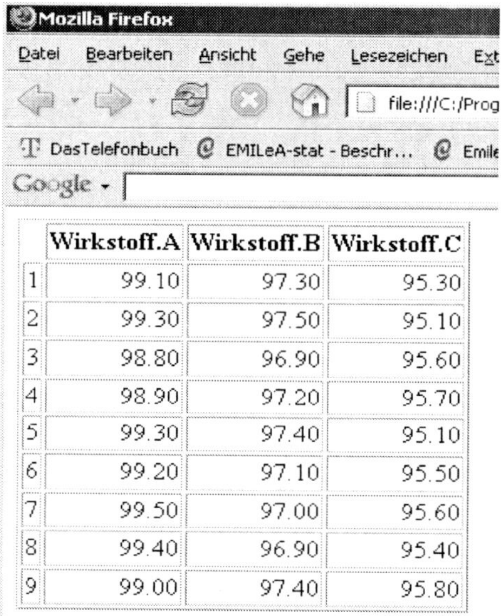

	Wirkstoff.A	Wirkstoff.B	Wirkstoff.C
1	99.10	97.30	95.30
2	99.30	97.50	95.10
3	98.80	96.90	95.60
4	98.90	97.20	95.70
5	99.30	97.40	95.10
6	99.20	97.10	95.50
7	99.50	97.00	95.60
8	99.40	96.90	95.40
9	99.00	97.40	95.80

Abbildung 20: Anzeige der HTML-Datei im Explorer

2.4.5 Datenbankverbindungen

Mit den in den vorangegangenen Kapiteln bisher beschriebenen Datenein- und -ausgabemöglichkeiten bewegen wir uns im KByte oder in kleineren Mbyte-Bereichen. Die beschriebenen Möglichkeiten sind sicher ausreichend.
Große Datenmengen werden mit Datenbanksystemen, wie z. B. mit MS Access© als kleineres System oder mit ORACLE© für wirklich große Datenmengen, verwaltet.
Gerade wenn mit einem Datenbanksystem des Typs ORACLE© umgegangen werden muss, können die benötigten Daten wahrscheinlich nicht mehr komplett geladen werden, sondern müssen häppchenweise über die Datenbanksprache *SQL* (*S*tructured *Q*uery *L*anguage) angefordert werden.

Die Kommunikation zwischen **R** und einer SQL-Datenbank, wie MySQL© ORACLE© kann über die Pakete (siehe Kapitel *Pakete*) ***RmySQL***, ***RmSQL***, ***DBI***, ***RODBC***; usw. hergestellt werden.
Mit dem Paket ***RODBC*** kann auch auf MS Access©- oder Excel© -Datenbanken zugegriffen werden.

Da dieses Thema sicher den Rahmen einer Einführung übersteigt, finden Sie auf der Homepage http://www.r-statistik.de dazu weitere Informationen und Beispiele.

2.5 Pakete

Wie im Kapitel *1.1 Was ist **R*** schon erwähnt, kann **R** über Pakete mit zusätzlicher Funktionalität (Funktionen, Beispieldatensätze) ausgestattet werden. Sie können auf ein großes Paket-Angebot auf der *CRAN*-Homepage http://cran.r-project.org zurückgreifen oder gar eigene Pakete erstellen.

Auf das Laden und Installieren der Pakete wird im Folgenden eingegangen. Die Erstellung eigener Pakete wird hier nicht beschrieben. Wenn Sie sich mit diesem Thema beschäftigen möchten, werden Sie ein Beispiel auf der Homepage http://www.r-statistik.de finden.

2.5.1 Pakete von der CRAN-Homepage installieren

Über den *Download*-Bereich der CRAN-Homepage suchen Sie sich bitte einen Server in der Nähe Ihres Wohnortes, z. B. Köln, aus...

Germany

http://cran.xedio.de/	xedio.mediastudios
http://pangora.org/cran/	Pangora GmbH, Hamburg
http://cran.mirroring.de/	Maske & Glembotzky Opensource Mirroring GbR, Hannover
http://cran.cybermirror.org/	Cybermirror, Karlsruhe
http://cran.miscellaneousmirror.org/	Miscellaneousdata.de, Koeln
http://umfragen.sowi.uni-mainz.de/CRAN/	University of Mainz
http://cran.rakanu.com/	Rakanu.com, Muenchen

Abbildung 21: CRAN-Servertabelle

... und rufen dann den Link *Packages* unter dem Bereich *Software* auf. Danach wird Ihnen eine ständig wachsende Anzahl **R**-Pakete, neben einigen Hinweisen als Kopfinformation, angeboten:

plotrix	Various plotting functions
pls	Partial Least Squares Regression (PLSR) and Principal Component R
plsgenomics	PLS analyses for genomics

Abbildung 22: R-Paket-Liste

Im obigen Beispiel interessieren wir uns für das ***PLS***-Paket und durch einen Doppelklick auf pls werden weitere Informationen über den Autor, Version, besondere Hinweise, usw. dargestellt:

pls: Partial Least Squares Regression (PLSR) and Principal Component R

Multivariate regression by partial least squares regression (PLSR) and principal component regression (PCR).

Version:	2.0-0
Date:	2006-12-15
Author:	Ron Wehrens and Bjørn-Helge Mevik
Maintainer:	Bjørn-Helge Mevik
License:	GPL version 2
URL:	http://mevik.net/work/software/pls.html

Downloads:

Package source:	pls_2.0-0.tar.gz
MacOS X binary:	pls_2.0-0.tgz
Windows binary:	pls_2.0-0.zip
Reference manual:	pls.pdf

Abbildung 23: Weitere Paketinformationen

Nun können Sie die *Windows binary*-Datei *pls 1.1-0.zip* und die dazugehörige Erklärung (*Reference manual*) *pls.pdf* auf Ihren Rechner laden. Weiter geht es mit dem nächsten Kapitel.

2.5.2 Installieren von geladenen Paketen im Zip-Format

Haben Sie ein Paket von der *CRAN*-Homepage als Zip-Datei auf Ihren PC geladen, können Sie die Installation über das Menü **Pakete** durchführen.

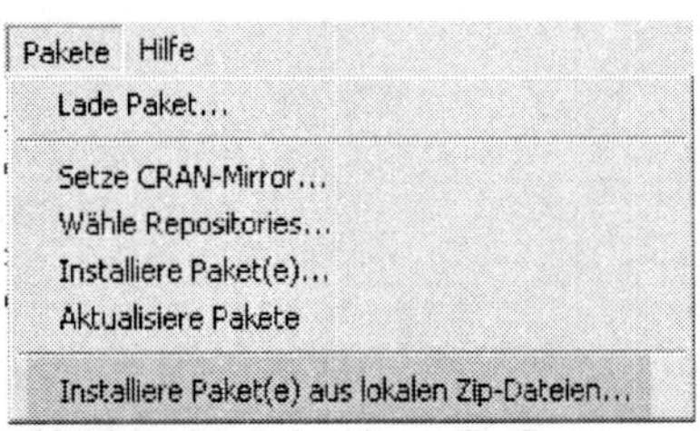

Abbildung 24: Paket(e) aus Zip-Datei

In dem angebotenen Selektionsfenster wählen Sie, wie unter Windows gewohnt, dass entsprechende Verzeichnis und die Paket-Datei aus.
In diesem Beispiel wird das Paket ***qcc***, ***Quality Control Charts***, installiert...

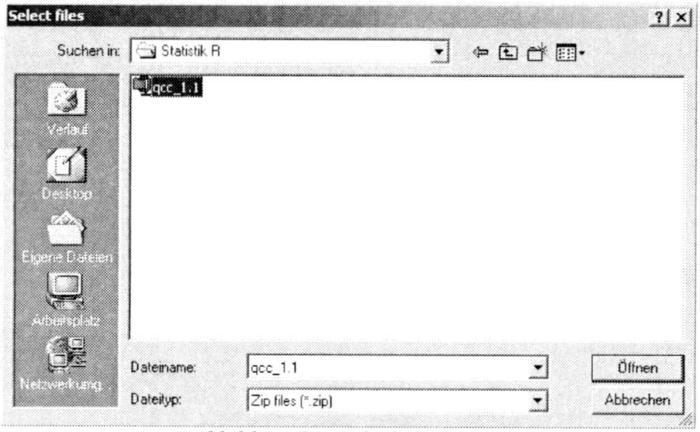

Abbildung 25: Paketbeispiel qcc

... und **R** quittiert die erfolgte Installation mit folgender Meldung:

```
package 'qcc' successfully unpacked and MD5 sums
checked updating HTML package descriptions
```

Auch hier wird im *Library*-Verzeichnis auf Ihrer Festplatte ein Verzeichnis *qcc*, mit entsprechenden Unterverzeichnissen, angelegt und die *HTML Hilfe* (**Hilfe -> HTML Hilfe**) aktualisiert (Abb. 26):

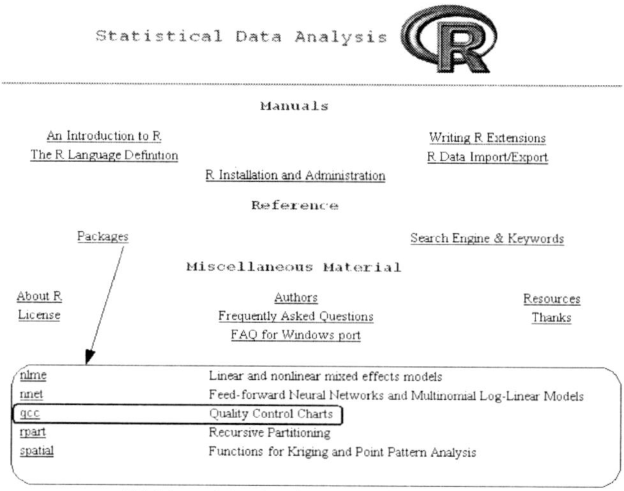

Abbildung 26: Aktualisierung der Paket-Hilfe

Durch die Anlage des Unterverzeichnisses *qcc* im Verzeichnis *library*, ...

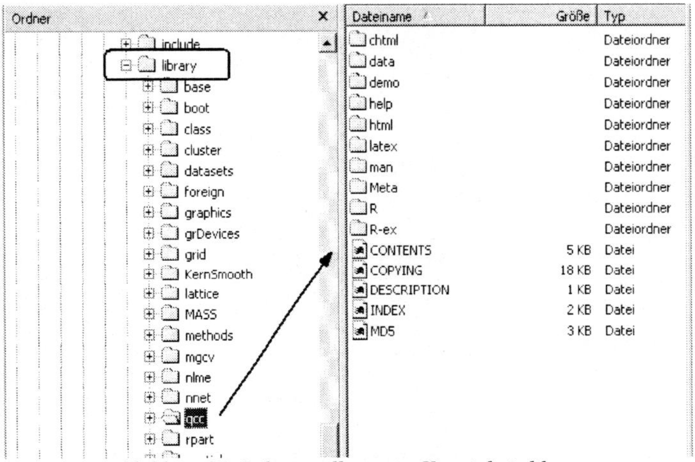

Abbildung 27: Paketinstallation im Verzeichnis library

...steht Ihnen der *funktionale Inhalt*, des Pakets ***qcc*** jederzeit zur Verfügung. Über die Funktion `library()` kann dieser Inhalt in die **R**-Umgebung geladen werden:

```
> library(qcc)
```

Rufen Sie eine Funktion aus dem Paket ***qcc*** auf, „schaut" **R** bei seiner Suche auch in diesem *Library*-Verzeichnis nach und wird fündig. Welche Pakete Ihnen in Ihrer **R**-Umgebung zur Verfügung stehen, können Sie mit der Funktion `search()` oder über das Menü **Verschiedenes -> Liste Suchpfad** prüfen:

```
> search()      #Liste Suchpfad auf, z. B:
 [1] ".GlobalEnv" "package:qcc" "package:methods"
[4] "package:stats" "package:graphics" "package:grDevi-
ces"
 [7] "package:utils" "package:datasets" "Autoloads"
[10] "package:base"
```

Wie Sie erkennen können, ist das zugefügte Paket ***qcc*** an 2. Stelle der Auflistung aufgeführt.

Möchten Sie das Paket, z. B. ***qcc***, wieder aus dem Suchpfad und damit zur weiteren Verwendung entfernen, können Sie dies mit der Funktion `detach()`

erreichen:

```
> detach("package:qcc")
```

Vielleicht schauen Sie sich nach dem Funktionsaufruf den Suchpfad an?

Im obigen Beispiel wurde das Paket ***qcc*** über die Funktion `library()` in die **R**-Umgebung eingebunden. Dazu bietet Ihnen **R** natürlich auch ein Menü an: ***Pakete -> Lade Pakete...***. Es wird Ihnen ein Fenster zur Auswahl eines Paketes angeboten, die sich in Ihrem *Library*-Verzeichnis befinden.

2.5.3 Pakete über die R-Umgebung installieren

Wenn Sie das zu installierende Paket schon kennen, können Sie auch über eine bestehende Internet-Verbindung aus der **R**-Umgebung heraus dieses Paket vom Server herunter laden und installieren.
Dazu rufen Sie über das Menü ***Pakete -> Installiere Paket(e)...*** einen *CRAN*-Server (CRAN mirror) in Ihrer Nähe auf. Nachdem die Verbindung hergestellt wurde, werden Ihnen die möglichen Pakete (Packages) zum Laden angeboten.

Nun könnten Sie das Paket ***xtable*** (siehe Kapitel *2.4.4 Dateien im HMTL-Format speichern*) laden!

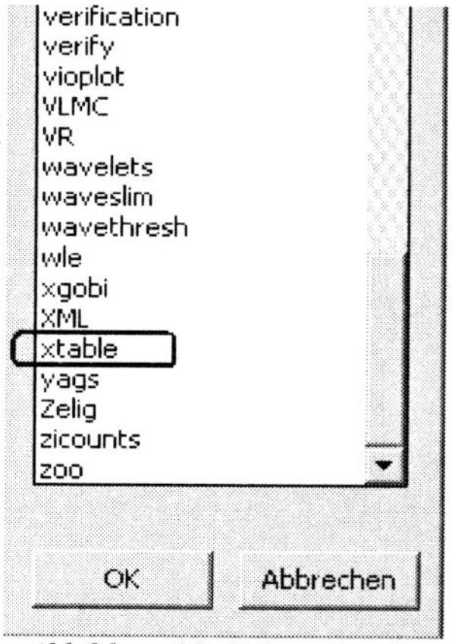

Abbildung 28: Pakete über R, xtable

2.6 Hilfe!

2.6.1 Die angebotenen Hilfemöglichkeiten

In den vorangegangenen Kapiteln haben Sie schon einige Funktionen kennen gelernt und sich sicher die Frage gestellt „Wie soll ich mir das alles merken?“. Auch hier bietet **R** Ihnen Unterstützung in Form der Hilfefunktion `help()` oder `?Funktion` an. Hilfe, z. B. zum Objekt `matrix` wird Ihnen nach folgender Eingabe in einem *eigenen* Fenster angeboten (Abb. 29):

```
> help(matrix)          # 1. Möglichkeit
> ?matrix               # 2. Möglichkeit
```

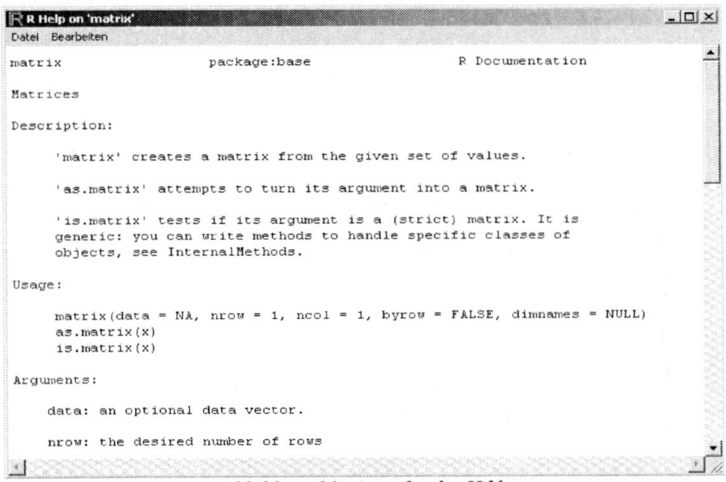

Abbildung 29: Ausgabe der Hilfe

Neben obiger Darstellungsform des Hilfetextes, gibt es für **R** unter Windows noch zwei weitere Darstellungsformen, auf die im nächsten Kapitel eingegangen wird.

Nachteilig an der `help()`-Funktion ist, dass Sie die Bezeichnung des Objektes genau kennen müssen! Geben Sie nur ein Fragment , z. B. nur `mat` ein, erhalten Sie lediglich den Hinweis, dass keine Dokumentation vorliegt. Kennen Sie die exakte Bezeichnung nicht, hilft hier die Funktion `help.-search()` weiter. Im folgenden Beispiel gehen wir davon aus, dass Sie nur von der gesuchten Funktion die ersten 3 Zeichen kennen, nämlich `mat` und möchten die Hilfedokumentation danach durchsuchen:

```
> help.search('mat')            # Der Suchbegriff ist mat
                                # ' und " sind indentisch
```

Als Ausgabe (Abb. 30) wird Ihnen in einem separaten Fenster alles das angeboten, wo in der Hilfedokumentation die drei Zeichen `mat` vorkommen:

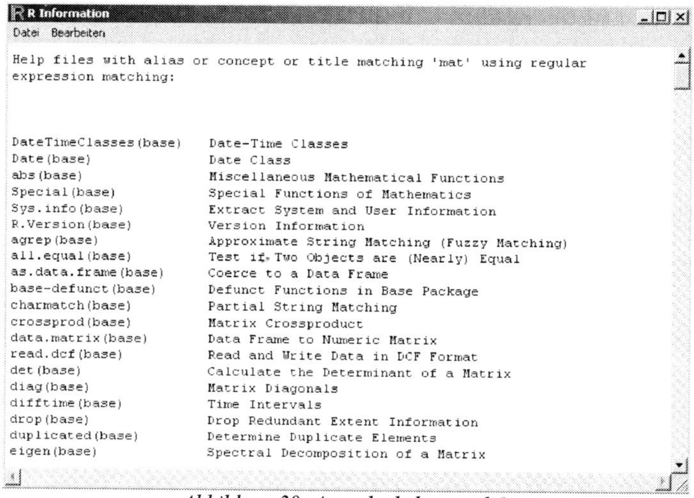

Abbildung 30: Ausgabe help.search()

Mit der Funktion `apropos()` suchen Sie nach Funktionen, in denen der Begriff `mat` vorkommt:

```
> apropos('mat')                # Der Suchbegriff ist mat
```

Als Ausgabe wird Ihnen auf der Konsole das Suchergebnis angeboten (Abb. 31):

```
> apropos('mat')
 [1] ".__C__matrix"                    "matchSignature"
 [3] "rematchDefinition"               "unRematchDefinition"
 [5] "model.matrix"                    "model.matrix.default"
 [7] "model.matrix.lm"                 "printCoefmat"
 [9] "matlines"                        "matplot"
[11] "matpoints"                       "as.data.frame.matrix"
[13] "as.data.frame.model.matrix"      "as.matrix"
[15] "as.matrix.data.frame"            "as.matrix.default"
[17] "as.matrix.noquote"               "as.matrix.POSIXlt"
[19] "charmatch"                       "data.matrix"
[21] "determinant.matrix"              "duplicated.matrix"
[23] "format"                          "format.AsIs"
[25] "format.char"                     "format.data.frame"
[27] "format.Date"                     "format.default"
[29] "format.factor"                   "format.info"
[31] "format.octmode"                  "format.POSIXct"
[33] "format.POSIXlt"                  "format.pval"
[35] "formatC"                         "formatDL"
[37] "is.matrix"                       "mat.or.vec"
[39] "match"                           "match.arg"
[41] "match.call"                      "match.fun"
[43] "matrix"                          "pmatch"
[45] "print.coefmat"                   "print.matrix"
[47] "prmatrix"                        "subset.matrix"
[49] "summary.matrix"                  "unique.matrix"
```

Abbildung 31: Ergebnisausgabe apropos()

Wenn Ihnen die oben beschriebene zielgerichtete Suche nicht ausreicht, können Sie sich auch auf das „Ganze“ stürzen, indem Sie die Funktion `hel-p.start()` aufrufen:

```
> help.start()
```

Nach dem Aufruf, wird Ihnen die *Standard-**R**-Dokumentation* über Ihren Browser zur Ansicht angeboten (Abb. 32):

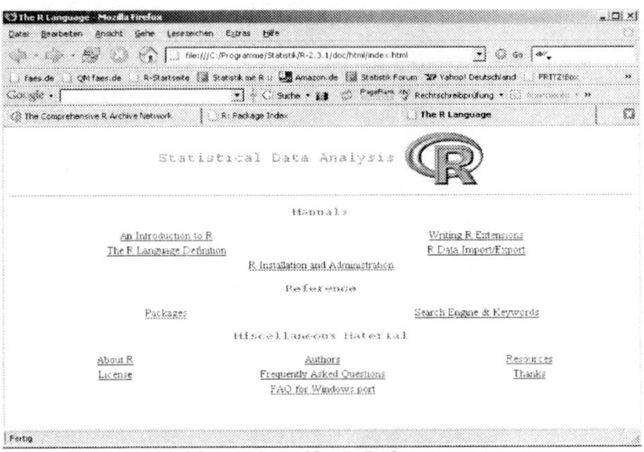

Abbildung 32: Hilfe: R-Dokumentation

In den obigen Beispielen, haben Sie die Hilfefunktionen direkt auf der Konsole eingegeben. Nun bietet Ihnen **R** aber auch hier den Zugriff über das Menü **Hilfe** an (Abb. 33):

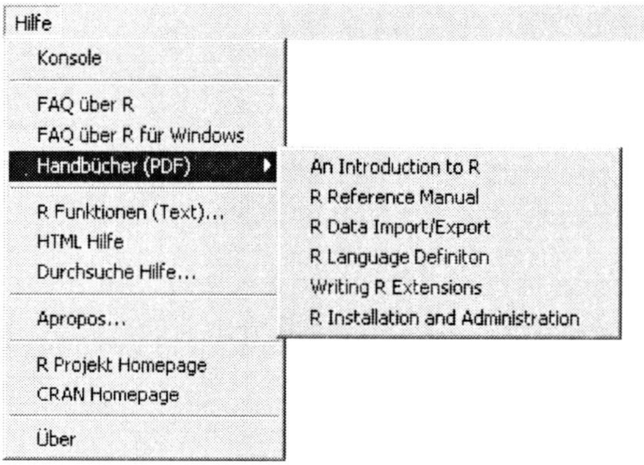

Abbildung 33: Hilfe über das Menü

Sie werden sicher den für Sie praktischen Zugriffsweg auf die Hilfedokumentation finden.

2.6.2 Darstellungsform der Hilfedokumentation

Im vorangegangenen Kapitel *2.6.1* haben Sie die Standardausgabe des Hilfetextes kennen gelernt. Dort wurde aber schon auf die verschiedenen Darstellungsmöglichkeiten der Hilfeausgabe hingewiesen.
Eine dieser Darstellungsmöglichkeiten ist die Anzeige im HTML-Format. Über die Funktion `options()` können Sie die Ausgabeformateinstellung durchführen:

```
> options(htmlhelp=TRUE)
```

Bleiben wir bei dem Beispiel der Hilfe zur Funktion `matrix()`. Nach dem Aufruf der Hilfefunktion...

```
> help(matrix)
```

... wird Ihnen der folgende Hinweis angezeigt...

```
Help for 'matrix' is shown in the browser
```

... und schließlich der Hilfetext in Ihrem Browser dargestellt (Abb. 34):

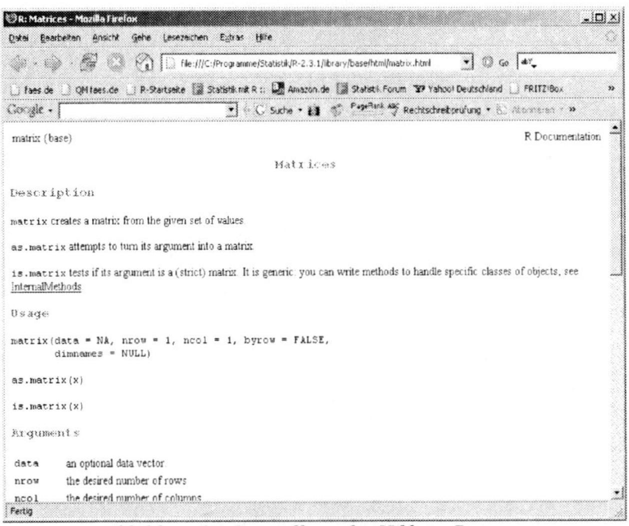

Abbildung 34: Darstellung der Hilfe im Browser

Dieses Darstellungsformat der Hilfe-Funktion hat den Vorteil, dass durch angebotene Verknüpfungen (Links) direkt zu weiteren themenrelevante Hilfeseiten gesprungen werden kann. Von Nachteil ist hier die Geschwindigkeit.

Die letzte Variante der Darstellungsformate ist die unter Windows bekannte Form im compilierte HTML-Format. Dazu rufen Sie die Funktion `options()` mit dem Argument `chmhelp=TRUE` auf:

```
> options(chmhelp=TRUE)
```

Der Hilfe-Aufruf für die Funktion `matrix` startet dann die Darstellung in der unter Windows bekannten Form (Abb. 35):

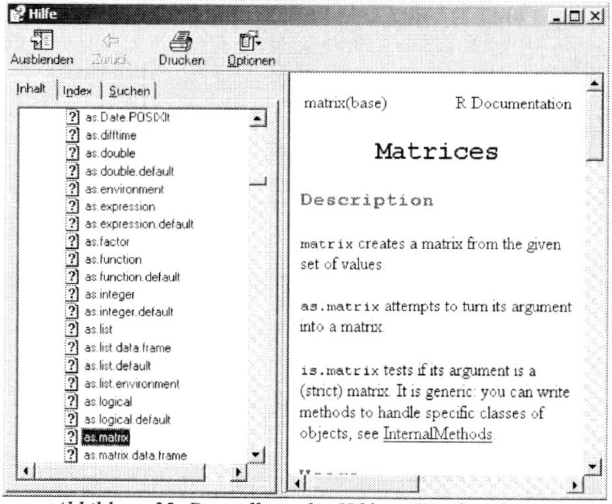

Abbildung 35: Darstellung der Hilfe im Windowsformat

Diese Darstellung ist Ihnen sicher mit ihren Möglichkeiten bekannt.

Nun ist es sicher müßig, nach jedem **R**-Start über `options()` die bevorzugte Darstellung der Hilfeinformationen zu wählen.
Da **R** konfigurierbar ist und diese Einstellungen mit jedem Start ausliest, können Sie in der Datei *Rprofile.site* (*etc*-Verzeichnis) Ihr bevorzugtes Anzeigeformat einstellen. In der nächsten Abbildung wurde das compilierte Format durch Löschen des Kommentarzeichens `#` aktiviert:

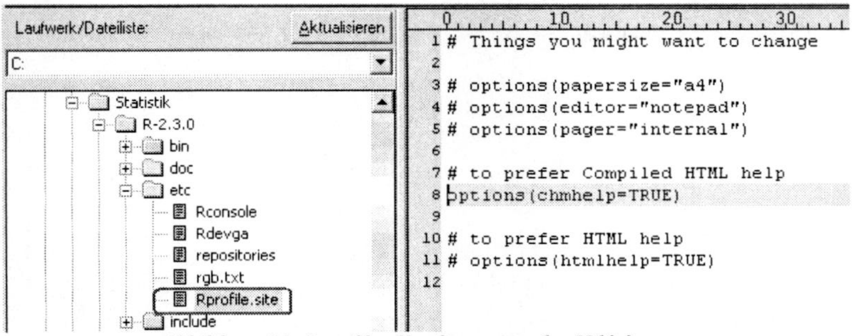

Abbildung 36: Rprofile: Konfiguration des Hilfeformats

Nach dem Speichern und dem erneuten Starten von **R** wird in diesem Beispiel die Hilfe im compilierten HTML-Format ausgegeben.

2.6.3 Hilfe und Informationen zu Paketen

Im Kapitel *2.5 Pakete* wird dargelegt, wie Sie Pakete in Ihre **R**-Umgebung einbinden können. Hier soll erwähnt werden, wie Sie Hilfen und Informationen zu diesen Paketen erhalten.

Im Kapitel *2.5 Pakete* wird das Paket ***qcc*** beispielsweise in die R-Umgebung eingebunden und über die Funktion `library(help = Paket)` erhalten Sie Informationen zum Paket:

```
> library(help = qcc)
```

Nach dem Funktionsaufruf wird Ihnen diese in einem eigenen Fenster angezeigt...

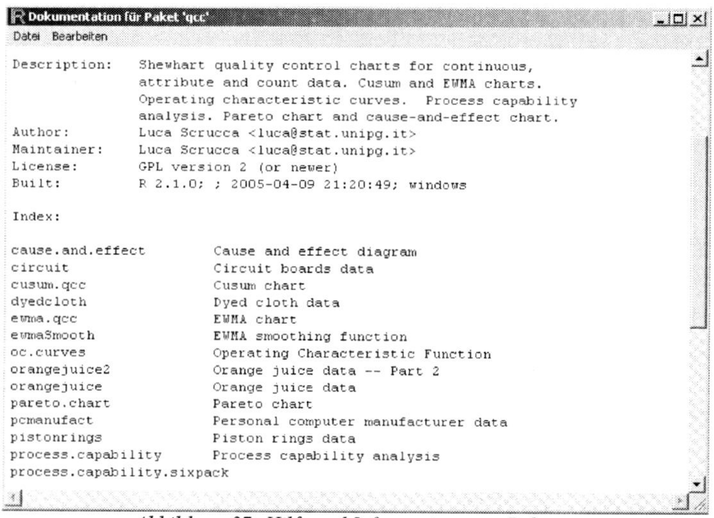

```
Dokumentation für Paket 'qcc'
Datei  Bearbeiten

Description:   Shewhart quality control charts for continuous,
               attribute and count data. Cusum and EWMA charts.
               Operating characteristic curves.  Process capability
               analysis. Pareto chart and cause-and-effect chart.
Author:        Luca Scrucca <luca@stat.unipg.it>
Maintainer:    Luca Scrucca <luca@stat.unipg.it>
License:       GPL version 2 (or newer)
Built:         R 2.1.0; ; 2005-04-09 21:20:49; windows

Index:

cause.and.effect          Cause and effect diagram
circuit                   Circuit boards data
cusum.qcc                 Cusum chart
dyedcloth                 Dyed cloth data
ewma.qcc                  EWMA chart
ewmaSmooth                EWMA smoothing function
oc.curves                 Operating Characteristic Function
orangejuice2              Orange juice data -- Part 2
orangejuice               Orange juice data
pareto.chart              Pareto chart
pcmanufact                Personal computer manufacturer data
pistonrings               Piston rings data
process.capability        Process capability analysis
process.capability.sixpack
```

Abbildung 37: Hilfe und Informationen zu Paketen

... und natürlich werden die Paket-Hilfedaten in die **R**-Hilfeumgebung eingebunden:

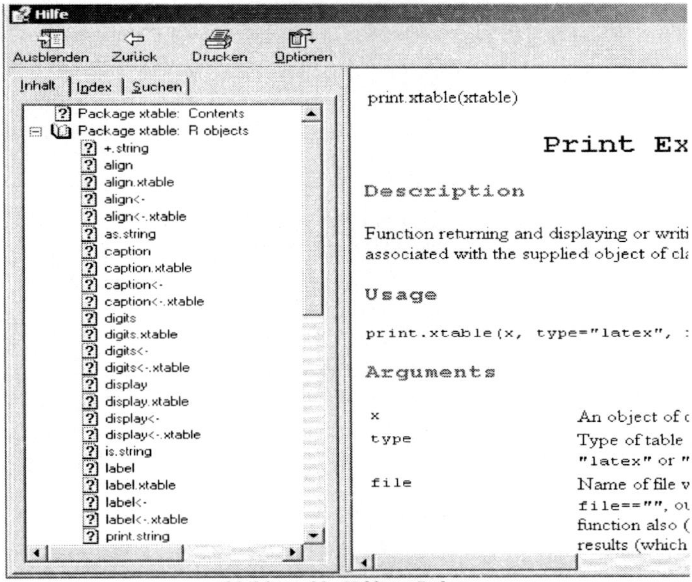

Abbildung 38: Hilfe zu Paketen

3 Statistik mit R

Wie im Kapitel *1.4 Das Ziel dieser Einführung* schon erwähnt, ist es nicht Ziel, Ihnen statistische Methoden zu vermitteln, sondern einführende Kenntnisse im Umgang mit **R**. Wie ebenfalls in diesem Kapitel erwähnt, können Sie sich neben den Ihnen sicher zur Verfügung stehenden Quellen auch auf den Internetseiten www.faes.de über die statistischen Verfahren und Begriffe informieren. Wo Sie auf www.faes.de Informationen zum Verfahren oder Begriff finden, wird durch eine Fußnote angedeutet.
Gleichwohl werden Sie aber, wenn Sie nicht schon ein Statistikkenner sind, Ihre statistischen Kenntnisse durch Anwendung der im Folgenden beschrieben **R**-Funktionen vertiefen können. Sie werden in der Lage sein, eine statistische Fragestellung schnell anzugehen und zu beurteilen, indem Sie denken „Das mach ich mal eben mit R!“. In diesem Sinne, auf zum nächsten Kapitel!

3.1 Univariate Daten

In diesem Kapitel werden Ihnen **R**-Funktionen zur grafischen Darstellung und Ermittlung einiger Kennzahlen aus univariaten Daten vorgestellt. Univariat bedeutet, dass es sich hier um eindimensionale Daten, die also aus der Beobachtung eines einzelnen Merkmals resultieren, handelt.

Die hier verwendeten **R**-Funktionen kommen aus dem Bereich der deskriptiven, der beschreibenden Statistik. Deskriptive Statistik ist ein Sammelbegriff für statistische, inklusive grafischer Verfahren zur Auswertung von Stichproben. Um diese Begriffsbestimmung abzurunden, sei erwähnt, dass die Verfahren der deskriptiven Statistik ausschließlich aus dem Bereich der Hypothesenbildung kommen und das Schließen über diese Stichprobendaten auf die Grundgesamtheit in dem Bereich der schließenden, der induktiven Statistik fällt.

Den im Folgenden verwendete Beispieldatensatz `Beispiel_Univariate.csv` finden Sie auf der Internetseite http://www.r-statistik.de und sollte in die **R**-Umgebung zum Vergleich der Funktionsergebnisse geladen werden (siehe Kapitel *2.4.2 Dateien im Text-Format einlesen*):

```
> Wirkstoffe <- read.csv2("Beispiel_Univariate.csv")
```

Wenn Sie möchten, können Sie sich natürlich über die Funktion `rnorm()` Ihren eigenen normalverteilten Datensatz erzeugen und in einem Vektor speichern:

```
> # Erzeuge 100 normalverteilte Daten mit dem Mittelwert
    = 96 und der Standardabweichung = 1:
> a <- rnorm(100, 50,1)
```

Der Datensatz `Wirkstoffe` (Abb. 39) besteht aus 3 Spalten mit dem Wirkstoffgehalt (Merkmal) für den `Wirkstoff A`, `B` und `C` zu je 100 Messwerten (Merkmalsausprägung):

	A	B	C
1	Wirkstoff A	Wirkstoff B	Wirkstoff C
2	94,64	94,44	94,69
3	94,37	94,04	92,99
4	95,98	92,74	96,22
5	95,47	92,45	93,06
6	96,49	94,11	98,71
7	96,32	93,11	95,07
8	97,85	94,38	100,48
9	96,46	94,99	97,62
10	96,26	93,64	92,19
11	95,44	93,35	94,97
12	95,68	93,59	92,71
13	96,71	93,99	93,45

Abbildung 39: Beispiel univariate Daten

Über die Funktion `hist()` können Sie die Verteilung über ein Histogramm[1], z. B. der Merkmalsausprägung Gehalt für den Wirkstoff A, visuell prüfen:

```
> hist(Wirkstoffe$Wirkstoff.A)
```

R öffnet ein neues Fenster und stellt das Histogramm dar (Abb. 40):

1 Siehe www.faes.de -> Lexikon -> Histogramm

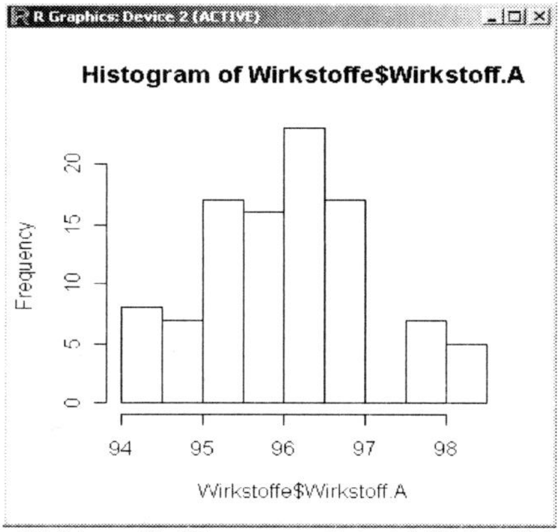

Abbildung 40: Histogramm Beispiel Wirkstoff A

R bietet Ihnen zur Funktion `hist()` Attribute zur Gestaltung der Grafik an, z. B. zur Beschriftung:

```
> hist(Wirkstoffe$Wirkstoff.A, main = "Wirkstoff A",
xlab = "%-Gehalt", ylab = "Anzahl")
```

Ausgabe der Grafik:

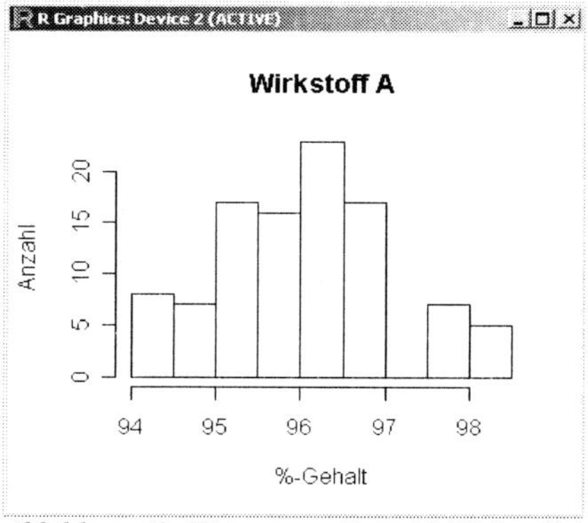

Abbildung 41: Histogramm Beispiel Wirkstoff A mit eigener Beschriftung

Um weitere Gestaltungsattribute kennen zu lernen, rufen Sie einfach mal die Hilfe zu `hist()` auf. Diese Attribute können für Sie interessant sein, wenn Sie die Klassenbreite und die Klassenanzahl beeinflussen möchten.

Obiges Histogramm (Abb. 41) ist ja schon ganz nett und sieht auch irgendwie *normalverteilt* aus. Nur wie nahe kommt obiges Histogramm einer Normalverteilung?

Diese Frage kann visuell mit einem Quantilplot (Q-Q-Plot)[1] beantwortet werden. Dazu rufen Sie die Funktion `qqnorm()` wie folgt auf:

```
> qqnorm(Wirkstoffe$Wirkstoff.A, xlab = "Quantile", ylab
= "Werte Wirkstoff A")
```

Und **R** liefert Ihnen folgende Grafik:

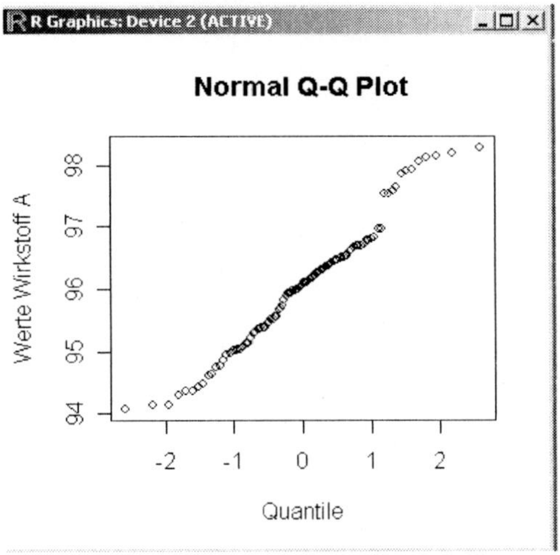

Abbildung 42: Beispiel Wirkstoff A Q-Q-Plot

Was sagt uns obige Grafik nun? Liegt Normalverteilung vor, sollten die Punkte in obiger Grafik möglichst nahe an einer gedachten geraden Linie liegen. **R** wäre nicht **R**, wenn diese Linie nicht auch über eine Funktion (`qqline()`) eingeblendet werden kann:

```
> qqline(Wirkstoffe$Wirkstoff.A)
```

Die Grafik 42 wird nun ergänzt durch diese Linie (Abb. 43):

1 Siehe www.faes.de -> Lexikon -> Quantile oder -> Normalverteilung, Abweichung von

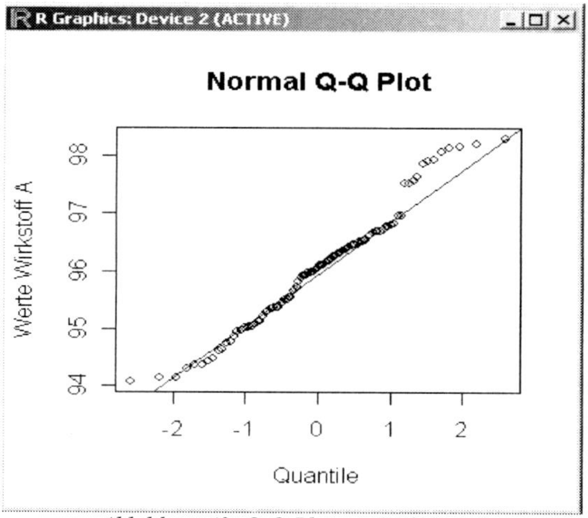

Abbildung 43: Q-Q-Plot mit "Hilfslinie"

Wie oben erwähnt, sollten die Punkte möglichst auf oder nahe an der Linie liegen. In der Realität wird oft eine S- oder bananenförmige Abweichung beobachtet. Die Beurteilung überlasse ich nun Ihnen, aber zu Ihrer Unterstützung werden später in diesem Kapitel noch die Kennzahlen zur Schiefe und Wölbung ermittelt.

Ihnen wird sicher aufgefallen sein, dass das aktive Grafikfenster über ein eigenes Menü verfügt.
Wenn das Grafikfenster *aktiviert* ist, bietet **R** Ihnen an, die grafische Ausgabe zur weiteren Verwendung z. B. direkt als PDF- oder Jpeg-Datei zu speichern:

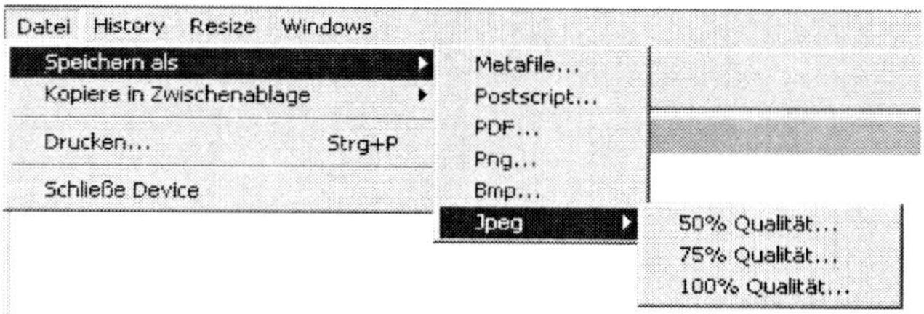

Abbildung 44: Grafik speichern

Nachdem Sie sich einen visuellen Überblick, im Augenblick zwar nur für den Wirkstoff A des Datensatzes `Wirkstoffe`, und eine Vorstellung über die Nähe der Daten zur Normalverteilung verschafft haben, sind Sie sicher an

beschreibende Kennzahlen interessiert.
Sollten Sie die Anzahl der Merkmalsausprägungen (Daten, Messergebnisse) nicht kennen, bietet Ihnen zur Ermittlung dieser Kennzahl **R** die Funktion `length()` an:

```
> length(Wirkstoffe$Wirkstoff.A)
[1] 100         # 100 Merkmalsausprägungen
```

Den Mittelwert[1] der 100 Merkmalsausprägungen für den `Wirkstoff.A` ermitteln Sie über die Funktion `mean()`...

```
> mean(Wirkstoffe$Wirkstoff.A)
[1] 96.02255
```

... und die Standardabweichung[2] oder Varianz wird über die Funktion `sd()` bzw. `var()` berechnet:

```
>#Standardabweichung:
> sd(Wirkstoffe$Wirkstoff.A)
[1] 1.006443

>#Varianz:
> var(Wirkstoffe$Wirkstoff.A)
[1] 1.012928
```

Nun haben Sie eine Vorstellung über die Verteilung, Mittelwert und Standardabweichung. Ihr Bedürfnis nach weiteren Kennzahlen ist sicher nicht erschöpft und als nächstes möchten Sie bestimmt den Wertebereich, also den kleinsten und größten Wert, innerhalb des Datensatzes `Wirkstoff.A` wissen. Die **R**-Funktionen `min()` und `max()` liefern Ihnen diese Informationen:

```
># Kleinster Wert innerhalb Wirkstoff.A:
> min(Wirkstoffe$Wirkstoff.A)
[1] 94.06822

># Größter Wert innerhalb Wirkstoff.A:
> max(Wirkstoffe$Wirkstoff.A)
[1] 98.2868
```

Informationen über den kleinsten und größten Wert eines Datensatzes (Range, Spannweite[3]) liefert aber auch direkt die Funktion `range()`. Zusätzlich kann dann über `diff()` die Spannweite berechnet werden:

```
># Kleinster und größter Wert:
> range(Wirkstoffe$Wirkstoff.A)
[1] 94.06822 98.28680
```

1 Siehe www.faes.de -> Statistische Methoden -> Mittelwert, Median
2 Siehe www.faes.de -> Statistische Methoden -> Standardabweichung
3 Siehe www.faes.de -> Lexikon -> Spannweite

```
># Differenz:
> diff(range(Wirkstoffe$Wirkstoff.A))
[1] 4.218586
```

Über die Funktion `range()` können Sie bei Bedarf jeweils auch den kleinsten oder größten Wert ermitteln:

```
># Der kleinste Wert:
> (range(Wirkstoffe$Wirkstoff.A)[1])
[1] 94.06822

># Der größte Wert:
> (range(Wirkstoffe$Wirkstoff.A)[2])
[1] 98.2868
```

Den Median[1] des Datensatzes `Wirkstoff.A` zeigt die Funktion `median()`:

```
> median(Wirkstoffe$Wirkstoff.A)
[1] 96.07564
```

Der Median ist das 50%-Quantil[2] des Datensatzes `Wirkstoff.A` und über die Funktion `quantile()` können Sie für jedes *p* den wahrscheinlichen Wert unter der Fläche der Normalverteilung berechnen (siehe Abbildung *Histogramm*):

```
># Quantil für p = 0.5 (50%):
> quantile(Wirkstoffe$Wirkstoff.A,0.5)
     50%
96.07564

># Quantil für p = 0.25 (25%):
> quantile(Wirkstoffe$Wirkstoff.A,0.25)
     25%
95.33241
```

Natürlich bietet Ihnen **R** auch hier wieder eine Funktion (`summary()`) an, mit der eine zusammenfassende Ausgabe (auch bekannt als 5-Punkte-Zusammenfassung bekannt) des Datensatzes gemacht werden kann:

```
> summary(Wirkstoffe$Wirkstoff.A)
   Min. 1st Qu.  Median    Mean 3rd Qu.    Max.
  94.07   95.33   96.08   96.02   96.56   98.29
```

Möchten Sie zur Orientierung mehr als 2 Dezimalstellen darstellen, erreichen Sie dies über das Argument `digits`:

```
> summary(Wirkstoffe$Wirkstoff.A, digits = 5)
   Min. 1st Qu.  Median    Mean 3rd Qu.    Max.
 94.068  95.332  96.076  96.023  96.556  98.287
```

1 Siehe www.faes.de -> Lexikon -> Median
2 Siehe www.faes.de -> Lexikon -> Quantile

Bisher wurden obige Funktionen nur auf die Daten `Wirkstoff.A` des Datensatzes `Wirkstoffe` angewendet. Ihnen drängt sich sicher nun der Gedanke auf *„Muss ich das Alles nun für jeden Wirkstoff einzeln durch tippen?“*! **R** wäre aber nicht **R**, wenn es zur Vermeidung dieser lästigen Arbeit nicht eine Funktion geben würde!
Um derartige wiederholende Funktionsaufrufe durchführen zu können, bietet **R** die Funktion `sapply()` an:

```
> sapply(Wirkstoffe,summary)
        Wirkstoff.A Wirkstoff.B Wirkstoff.C
Min.          94.07       90.75       89.59
1st Qu.       95.33       93.25       93.42
Median        96.08       94.11       95.02
Mean          96.02       93.98       95.07
3rd Qu.       96.56       94.76       96.79
Max.          98.29       96.12      100.50
```

Die Funktion `apply()` wird in verschiedenen Variationen angeboten. Im weiteren Text werden Sie die eine oder andere Variante noch kennen lernen.

Die 5-Punkte-Zusammenfassung über `summary()` vermittelt Ihnen nun einen durch Zahlen belegbaren Eindruck der Verteilung. Diesen Eindruck können Sie über einen Box-Plot grafisch vertiefen. Dazu dient die Funktion `boxplot()`:

```
># Box-Plot-Ausgabe für Wirkstoff A:
> boxplot(Wirkstoffe$Wirkstoff.A, range = 0)
```

Und **R** gibt folgenden Box-Plot aus (Abb. 45):

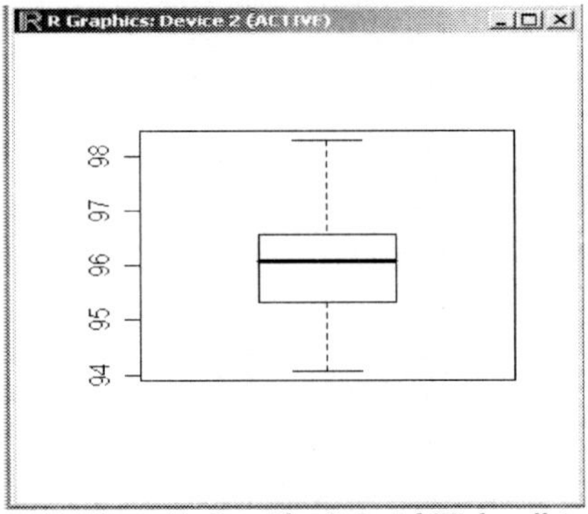

Abbildung 45: Box-Plot Beispiel Wirkstoff.A

Im obigen Beispiel wurde das Attribut `range = 0` gesetzt. Das bedeutet, dass die *Wiskers*[1] jeweils für den kleinsten und größten Wert gesetzt werden. Der Standardwert beträgt `range = 1.5`, d. h., die *Wiskers* werden 1,5 Einheiten außerhalb der Box gesetzt. Werte, die außerhalb dieses Bereiches liegen, werden als Punkte dargestellt (Abb. 46):

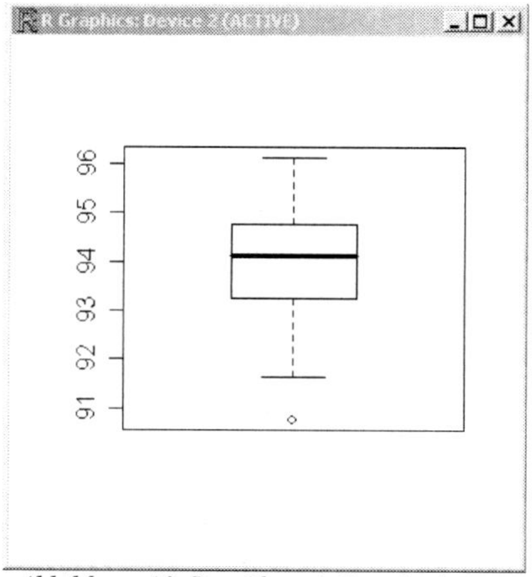

Abbildung 46: Box-Plot mit Standardrange (1,5)

Die Funktion `boxplot()` gehört wie die Funktionen `hist()` und `qqnorm()` zu den so genannten *High-Level-Grafiken*. Diese Funktionstypen werden so genannt, da sie ohne besondere Angaben direkt ansehnliche Grafiken liefern (Achse, Beschriftung,...). Deswegen können Sie ohne Aufwand auch den gesamten Datensatz `Wirkstoffe` als Box-Plot darstellen (Abb. 47):

```
> boxplot(Wirkstof-
fe, range = 0)
```

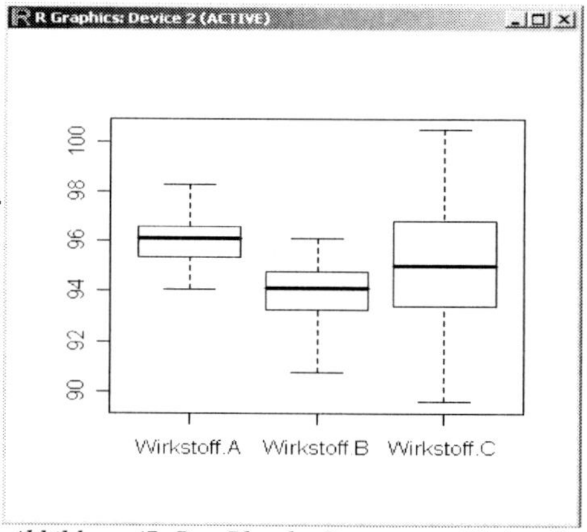

Abbildung 47: Box-Plot des Datensatzes Wirkstoffe

Wenn Sie es für erforderlich halten, können Sie die Kennzahlen der 5-Punk-

1 Siehe www.faes.de -> Lexikon -> Box-Plot

te-Zusammenfassung im Box-Plot auch beschriften. Hierzu bietet **R** Ihnen die Funktion `text(`*`Position x, Position y,...`*`)` an:

```
># Box-Plot erneut darstellen:
> boxplot(Wirkstoffe$Wirkstoff.A, range = 0)
```

Die Grafik wird angezeigt (Abb. 48):

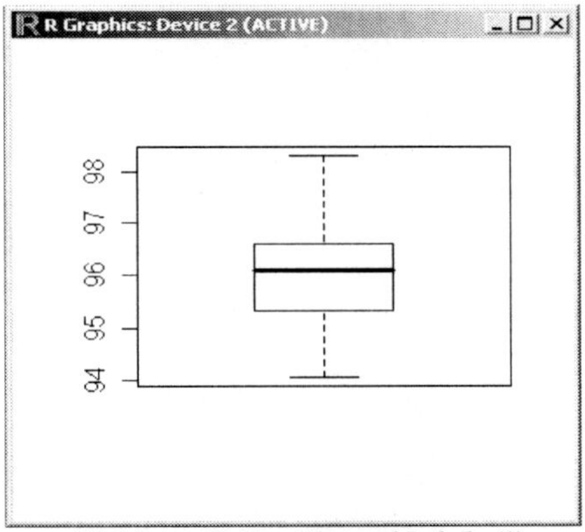

Abbildung 48: Box-Plot und Labels (1)

Als nächstes erfolgt über die Funktion `summary()` das Ermitteln der y-Position für die `text()`-Funktion:

```
>#y-Position über summary:
> y=summary(Wirkstoffe$Wirkstoff.A)
```

Und nun wird die Beschriftung, das *Labeling*, durchgeführt. Dazu wird innerhalb der Funktion `text()` 5-mal die Funktion `rep()`, Replicate, aufgerufen.. Mit deren Hilfe wird dann zur x-Position `1.3` jeweils die Ausgabe der *Label*-Texte durchgeführt (Abb. 49):

```
> text(rep(1.3,5),y,labels=c("Min.", "1. Qu.", "Median",
"Mean", "3. Qu.", "Max."))
```

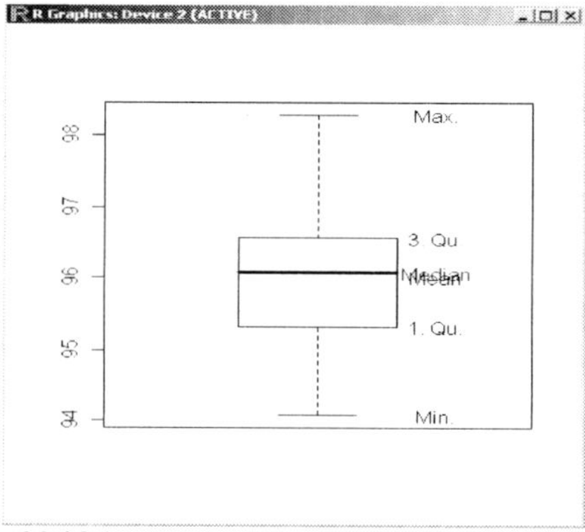

Abbildung 49: Box-Plot und Labels (2)

Die bisherigen Kennzahlen und grafischen Darstellungen vermitteln Ihnen eine bestimmte Vermutung über die Nähe der Daten zur Normalverteilung. Über die Kennzahlen zur Schiefe und Wölbung können Sie diese Vermutung untermauern.

Die Berechnung der Potenzmomente Schiefe a_3 und Wölbung[1] a_4 erfolgt über folgende Gleichungen (Abb. 51):

$$a_3 = \frac{\sum (x - \bar{x})^3}{n \cdot s^3}$$

$$a_4 = \frac{\sum (x - \bar{x})^4}{n \cdot s^4} - 3$$

x : *Wert (Merkmalsausprägung)*
$\bar{x}$: *Mittelwert*
n : *Anzahl Werte*
s : *Standardabweichung*

Abbildung 50: Formel Schiefe und Wölbung

Die Berechnung der beiden Kennzahlen über die Konsole erscheint ein bisschen aufwendig, darum werden wir unsere ersten Funktionen in **R** schreiben! Betrachten Sie dies als Vorgriff auf das Kapitel *4. Programmieren in R* und nur zur Abrundung dieses Themas. Machen Sie sich über den Aufbau der Funktionen noch keine Gedanken, darauf wird später noch ausführlich eingegangen. Achten Sie auf die Berechnungen innerhalb der Funktionen und vergleichen Sie diese mit obigen Formeln, das Verständnis wird sicher sofort vorhanden sein!

Zur Berechnung wird eine bisher noch nicht erwähnte Funktion verwendet, die Summierung sum(). Fangen wir mit der Schiefe a_3 an:

---

1 Siehe www.faes.de -> Lexikon -> Normalverteilung, Abweichung von

```
># Funktion Schiefe
> schiefe <- function(x){
+ m3 <- sum((x-mean(x))^3)/length(x)
+ s3 <- sd(x)^3
+ m3/s3}
```

Nachdem Sie obige Funktion `schiefe` eingegeben haben, rufen Sie diese mit den Werten des `Wirkstoff.A` auf:

```
> schiefe(Wirkstoffe$Wirkstoff.A)
[1] 0.2319423
```

Liegt eine symmetrische Verteilung vor, beträgt der Wert für die Schiefe 0. Für den Datensatz `Wirkstoff.A` liegt eine minimale Abweichung von 0,232 vor.

Und nun die Funktion für die Wölbung a_4:

```
># Funktion Wölbung
> woelbung <- function(x){
+ m4 <- sum((x-mean(x))^4)/length(x)
+ s4 <- sd(x)^4
+ m4/s4-3}
```

Der Aufruf der Funktion `woelbung` mit dem Datensatz `Wirkstoff.A` zeigt dann folgendes Ergebnis:

```
> woelbung(Wirkstoffe$Wirkstoff.A)
[1] -0.3687969
```

Auch hier zeigt, wie Sie sicher wissen, eine Abweichung von 0 eine nicht ideale Wölbung an.

3.1.1 Exkurs fehlende Werte

Im Kapitel *3.1 Univariate Daten* wurden Kennzahlen, wie z. B. der Mittelwert und die Standardabweichung für komplette Datensätze berechnet. Hätte eine der Datenreihen, z. B. Wirkstoff A, schon durch die Eingabe im Tabellenblatt bedingt, eine leere Zelle beinhaltet, wird durch den Import in die **R**-Umgebung dieser fehlende Wert durch `NA` (*Not Available / Missing Value*) ersetzt.
Ohne Berücksichtigung des `NA`'s ist eine Berechnung ausgeschlossen! Aber als **R**-Anwender bekommen Sie einen klaren Hinweis auf fehlende Werte und können darauf reagieren.

Um den Umgang mit fehlenden Werten zu demonstrieren, wurde die Beispieldatei `Fehlende_Werte.csv` angelegt und in der grafischen Darstellung wurden die fehlenden Werte grau markiert (Abb. 51).

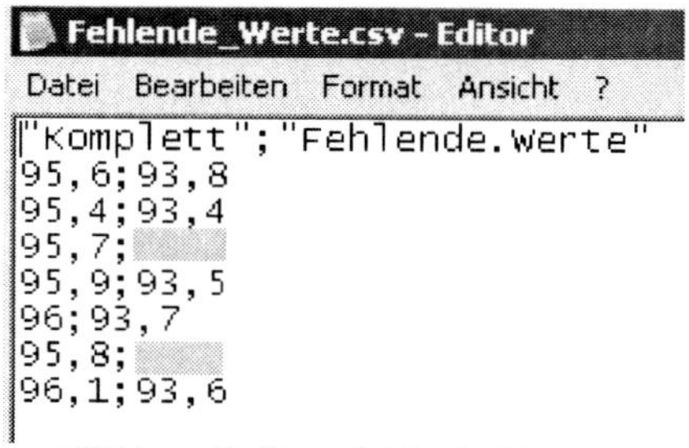


```
"Komplett";"Fehlende.Werte"
95,6;93,8
95,4;93,4
95,7;
95,9;93,5
96;93,7
95,8;
96,1;93,6
```

Abbildung 51: Datei Fehlende_Werte.csv

Laden Sie folgende Beispieldatei ein...

```
> FW <- read.csv2("Fehlende_Werte.csv")
```

... und schauen sich den Inhalt an:

```
> FW
  Komplett Fehlende.Werte
1     95.6           93.8
2     95.4           93.4
3     95.7             NA
4     95.9           93.5
5     96.0           93.7
6     95.8             NA
7     96.1           93.6
```

Berechnen Sie nun den Mittelwert und die Standardabweichung für die Datenspalte `Komplett`, werden anstandslos die Ergebnisse ausgegeben:

```
> mean(FW$Komplett)
[1] 95.78571

> sd(FW$Komplett)
[1] 0.2410295
```

So weit, so gut! Führen Sie die Berechnung für die Datenspalte `Fehlende.Werte` aus, wird Ihnen kein Mittelwert oder keine Standardabweichung ausgegeben:

```
> mean(FW$Fehlende.Werte)
[1] NA

> sd(FW$Fehlende.Werte)
Fehler in var(x, na.rm = na.rm) : fehlende Beobachtungen
in cov/cor
```

Der Fehlerhinweis zur Standardabweichung, `sd()` ist sogar recht deutlich.

Im Kapitel *2.3.4.3 Arrays* wurde schon die Funktion `is.na()` erwähnt. Mit dieser Funktion können Sie den Datensatz auf fehlende Werte prüfen:

```
> is.na(FW$Fehlende.Werte)
[1] FALSE FALSE  TRUE FALSE FALSE  TRUE FALSE
```

Obige Ausgabe zeigt, dass das 3. und 6. Element ein `NA` ist, also ein fehlender Wert.

Wie kann ich nun die Berechnung trotz fehlender Werte durchführen? Oft bieten **R**-Funktionen als Lösung für diese Frage Ihnen die Möglichkeit an, dem Funktionsaufruf das Argument `na.rm = T` mitzugeben. Dadurch werden die `NA`'s in der Berechnung nicht berücksichtigt:

```
> mean(FW$Fehlende.Werte, na.rm = T)
[1] 93.6

> sd(FW$Fehlende.Werte, na.rm = T)
[1] 0.1581139
```

Da obige Funktionen das Argument `na.rm = T(rue)` berücksichtigen, können die entsprechenden Kennzahlen berechnet werden. Möchten Sie nun die Anzahl der Werte, die zur Berechnung der Kennzahlen verwendet wurden ermitteln, denken Sie sicher an die Funktion `length()`:

```
> length(FW$Fehlender.Wert, na.rm = T)
Fehler: falsche Anzahl von Argumenten für 'length'
```

Sie sehen, `na.rm = T` hilft hier nicht weiter! Um die korrekte Anzahl der Werte zu ermitteln, ergänzen Sie die Funktion `length()` um die Funktion `na.omit()`:

```
> length(na.omit(FW$Fehlende.Werte))
[1] 5
```

Die Funktion `na.omit()` lässt die fehlenden Werte einfach weg. Es ist klar, dass Sie `na.omit()` auch anstelle des Attribut `na.rm = T` verwenden können. Probieren Sie es einfach aus!
Die Funktion `na.omit()` ist sicher hilfreich, aber wenn in Ihrem zu untersuchenden Datensatz `NA`'s vorhanden sind, sollten Sie, wenn Sie auf diese Information verzichten können, den Datensatz *umspeichern*:

```
> Info.FW <- (na.omit(FW$Fehlende.Werte))

> Info.FW      #... mal anschauen....
[1] 93.8 93.4 93.5 93.7 93.6
attr(,"na.action")
[1] 3 6
attr(,"class")
```

```
[1] "omit"
```

Das Objekt `Info.FW` beinhaltet neben den gewünschten Werten (1. Ausgabe) auch die Positionen der `NA`'s (Ausgabe nach „`na.action`", Position 3 und 6) und welche Aktion (`na.action`) durchgeführt wurde: `"omit"` (*lass weg*). Um obige Datenstruktur weiter zu vereinfachen, werden die Daten in die Arbeitsvariable `Ohne.FW` gespeichert. Allerdings muss vorher die Anzahl der Elemente (Werte) über die Funktion `length()` ermittelt werden:

```
> Ohne.FW <- Info.FW[1:(length(Info.FW))]

> Ohne.FW
[1] 93.8 93.4 93.5 93.7 93.6
```

Nun ist klar, dass ohne Rücksichtnahme auf fehlende Werte die nötigen Berechnungen (Schätzungen) durchgeführt werden können.

3.1.2 Exkurs Boxplot und Darstellungen

Im Kapitel *3.1 Univariate Daten* haben Sie schon einige Möglichkeiten der grafischen Datendarstellung als Box-Plot kennen gelernt. Sie gehen aber wahrscheinlich schon davon aus, dass **R** hier mit seinen Möglichkeiten noch nicht am Ende ist. Um das Kapitel *3.1.Univariate Daten* nicht mit diesen Möglichkeiten zu überfrachten, werden diese in diesem Exkurs dargelegt. Als Beispiel dient hier wieder die Datei `Beispiel_Univariate.csv`:

```
> Wirkstoffe <- read.csv2("Beispiel_Univariate.csv")
```

Die Box-Plot-Darstellung für die 3 Wirkstoffe (Abbildung Box-Plot des Datensatzes Wirkstoffe) zeigt leider nur einen Gehaltsbereich (y-Achse) und dadurch kann die Übersichtlichkeit ein bisschen verloren gehen. Das folgende Beispiel zeigt, wie die Übersichtlichkeit erhalten bleibt. Dazu müssen wir **R** über den Grafikparameter `par()` und dem Argument `mfrow()` mitteilen, dass wir mehrere, in diesem Fall 3 Grafiken auf einer Grafikoberfläche ausgeben wollen:

```
> # 3 Grafiken ausgeben:
> par(mfrow=c(1,3))
```

Es erscheint ein leeres Grafikfenster und nun werden die 3 Anweisungen zur Ausgabe der 3 Box-Plots eingeben:

```
> boxplot(Wirkstoffe$Wirkstoff.A, main = "Wirkstoff A")

> boxplot(Wirkstoffe$Wirkstoff.B, main = "Wirkstoff B")

> boxplot(Wirkstoffe$Wirkstoff.C, main = "Wirkstoff C")
```

Im Grafikfenster wird das Resultat dargestellt und für jeden Datensatz wird der entsprechende Wertebereich angezeigt (Abb. 52):

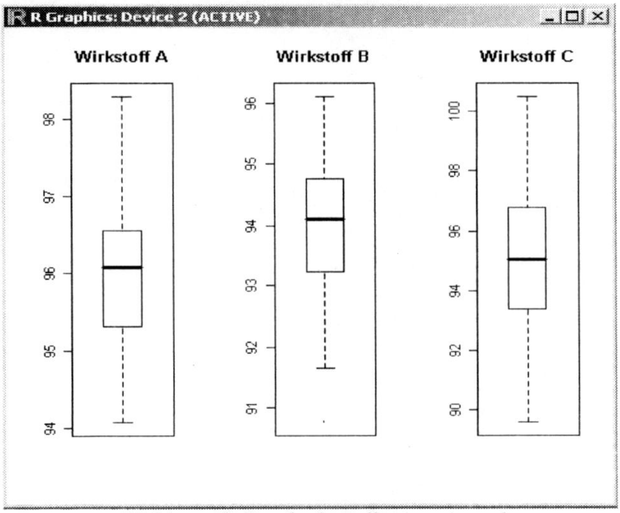

Abbildung 52: Boxplotdarstellungsvariante 1

Obige Grafik (Abb. 52) sieht schon recht übersichtlich aus. Aber wäre es nicht eine schöne Ergänzung, wenn neben dem Box-Plot die reale Verteilung der Daten dargestellt würde? So könnten eventuell vorhandene Datenzentren erkannt werden. **R** kann diesen Wunsch über die Datenpräsentations-Funktion `rug()` als Additionsfunktion für bestehende Grafiken erfüllen:

```
> # 3 Grafiken ausgeben:
> par(mfrow=c(1,3))

> boxplot(Wirkstoffe$Wirkstoff.A, main = "Wirkstoff A")

> #Direkt nach dem Box-Plot, rug() addiert zur aktiven
Grafik!
> rug(Wirkstoffe$Wirkstoff.A, side = 2)

> boxplot(Wirkstoffe$Wirkstoff.B, main = "Wirkstoff B")

> rug(Wirkstoffe$Wirkstoff.B, side = 2)

> boxplot(Wirkstoffe$Wirkstoff.C, main = "Wirkstoff C")

> rug(Wirkstoffe$Wirkstoff.C, side = 2)
```

Obige Box-Plots wurden nun ergänzt durch die Datenverteilung, dargestellt als kurzer Strich für jeden Wert, auf der linken Seite des Plots (Abb. 53):

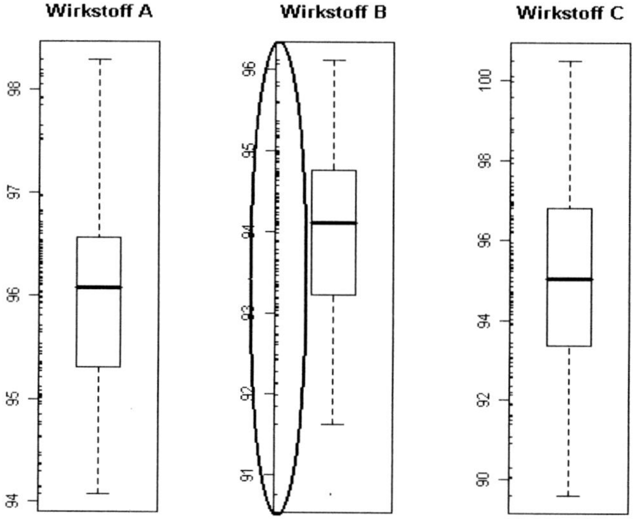

Abbildung 53: Boxplotdarstellungsvariante 2

Für das Darstellen der Werte auf der linken Seite des Plots ist das Argument `side = 2` verantwortlich. Das Argument `side` kann noch mit 1 (unten) oder 3 (oben) belegt werden, was aber für ein Box-Plot keinen Sinn macht.

Um wieder den Standardzustand, eine Grafik im Fenster des Grafikbereichs herzustellen, wird der Grafikparameter `par()` mit dem Argument `mfrow()` wie folgt aufgerufen:

```
> par(mfrow = c(1,1))
```

3.1.3 Exkurs weitere Grafiktypen

Einen einfachen grafischen Überblick über Ihre Daten erhalten Sie über die Funktion `stripchart()`. Als Beispieldaten dient hier wieder der Datensatz `Beispiel_Univariate.csv`. Die einfachste Form wird Ihnen durch folgenden Funktionsaufruf geboten:

```
> stripchart(Wirkstoffe$Wirkstoff.A)
```

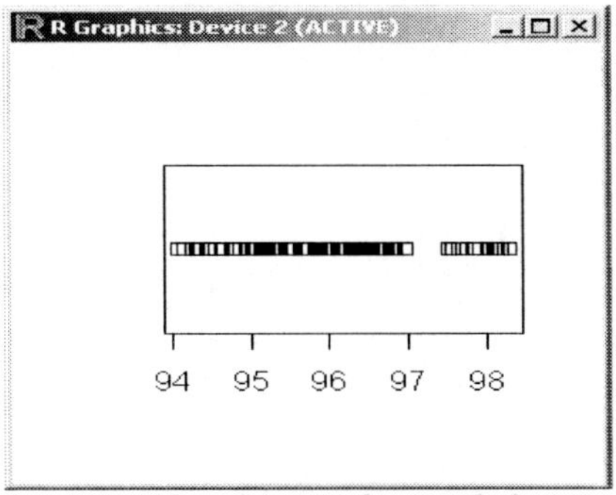

Abbildung 54: Stripchart, einfach

Die Daten werden Ihnen, wie auf ein Band (*strip*) gezogen, dargestellt (Abb. 54). Dabei steht jedes Quadrat für einen Wert. Aber auch die Funktion `stripchart()` ist ausbaufähig! Das nächste Beispiel (Abb. 55) zeigt ein Stripchart mit Titel, Achsentitel, der Darstellungsmethode `jitter` und einem anderen Darstellungssymbol:

```
> stripchart(Wirkstoffe$Wirkstoff.A, method="jitter",
main = "Wirkstoff A", xlab= "%-Wert", pch=3)
```

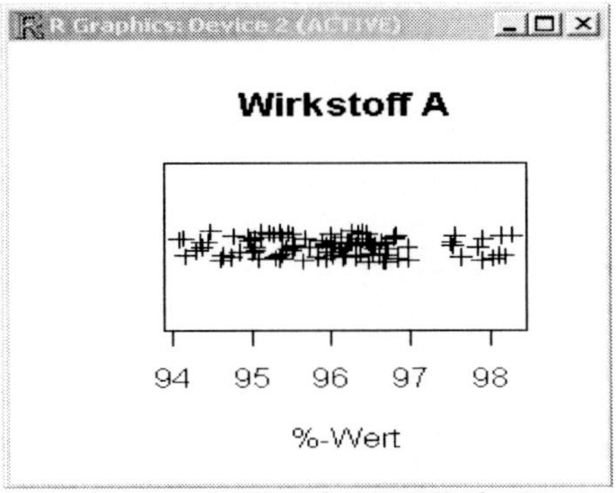

Abbildung 55: Stripchart, mit Titel usw.

Die Standarddarstellungsmethode ist `overplot` und die oben gewählte Methode `jitter` zieht die Daten um einen Faktor (0,1) zur Darstellung auseinander. Dieser Faktor ist einstellbar, z. B. mit `jitter = 0.3` im Funktionsaufruf. Probieren Sie diesen `jitter`-Faktor einfach einmal aus!

Die folgende Tabelle zeigt eine nicht vollständige Auflistung der möglichen Wert-Darstellungssymbole für das Argument `pch`:

pch = Wert	
Wert	Symbol
1	◊
2	Δ
3	+
4	X
6	∇
7	⊠
8	✳

Tabelle 4: Stripchart, pch-Werte

Wenn Ihnen keines der angebotenen Symbole recht ist, können Sie an das Argument `pch` auch Ihr eigenes Symbol, wie z. B. `pch="W"`, übergeben (Abb. 56):

```
> stripchart(Wirkstoffe$Wirkstoff.A, method="jitter",
main = "Wirkstoff A", xlab= "%-Wert", pch="W")
```

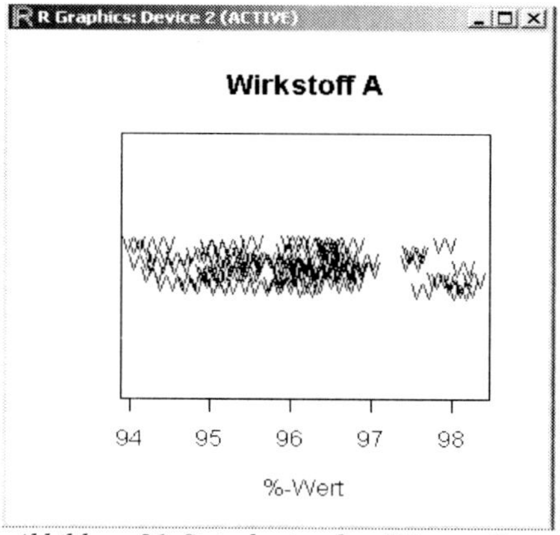

Abbildung 56: Stripchart, pch = "Eigenes Symbol"

Mit der Funktion `stripchart()` können Sie sich natürlich auch einen Überblick über den gesamten Datensatz Wirkstoffe verschaffen (Abb. 57):

```
> stripchart(Wirkstoffe, jitter=0.3, method="jitter",
main = "Wirkstoff A", xlab= "%-Wert", pch=3)
```

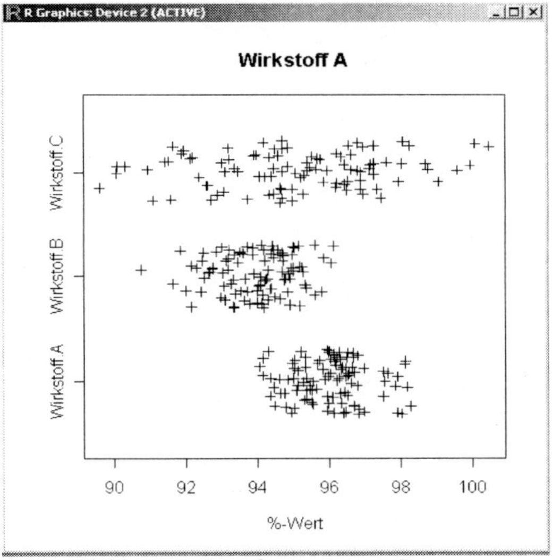

Abbildung 57: Stripchart, gesamter Datensatz

Eine weitere Möglichkeit, wie Sie sich einen Überblick über Ihren Datensatz verschaffen können, ist das Stamm-Blatt-Diagramm (Stem-and-leaf-plot). Dieses Diagramm ist aber im eigentliche Sinne keine grafische Darstellung, sondern mehr eine textuelle Ausgabe, wie Sie in Folgendem sehen werden. Das Stamm-Blatt-Diagramm wird über die Funktion `stem()` aufgerufen:

```
> stem(Wirkstoffe$Wirkstoff.A)

The decimal point is at the |

94 | 1113444
94 | 566788
95 | 0000001112333334444
95 | 5555577789999
96 | 00000011112222333334444
96 | 5555555566777778888
97 | 00
97 | 5566899
98 | 11123
```

Zur Konstruktion des Stamm-Blatt-Diagramms werden die Daten auf die erste Dezimalstelle gerundet, der Größe nach geordnet, gezählt und wie oben dargestellt.

Die Ausgabe

```
94 | 1113444
```

bedeutet, dass 3 x 94,1, 1 x 94,3 und 3 x 94,4 im Datensatz vorliegen. Das Diagramm ist eine einfache Darstellungsmöglichkeit mit einem umfassenden Überblick über Ihre, aber *gerundete,* Daten.

3.2 Testverfahren für univariate Daten

In diesem Kapitel werden beispielhaft Testverfahren für univariate Daten vorgestellt. Mit diesen Verfahren bewegen wir uns im Bereich der schließenden, der induktiven Statistik, da von der Stichprobe aus auf die Grundgesamtheit geschlossen wird.

Im Kapitel *3.1 Univariate Daten* wurde aus dem Datensatz `Wirkstoffe` für den Teildatensatz `Wirkstoff.A` der Mittelwert berechnet. Auch in diesem Kapitel dient der Datensatz `Wirkstoffe` wieder als Beispiel.

3.2.1 t-Test, Vertrauensbereich für den Mittelwert

Gehen wir von der Annahme aus, dass der Datensatz `Wirkstoff.A` die Qualitätsprüfung bezüglich Wirkstoffgehalt für eine bestimmte produzierte Charge[1] darstellt. Auch gehen wir von einer Normalverteilung der Daten aus. Der Stichprobenumfang[2] ist mit $n = 100$ schon recht groß und der berechnete Mittelwert lässt erwarten, dass der wahre Mittelwert μ gut *geschätzt* wurde. Diese Schätzung wird besser, kommt dem *wahren* Mittelwert μ näher, je höher der Stichprobenumfang ist[3]! Nur hier gibt es sicher praktische Grenzen.

Um nun den Bereich um unseren geschätzten (berechneten) Mittelwert zu ermitteln, in dem der wahre Mittelwert μ liegt, wird der t-Test herangezogen. Mit dem t-Test wird der *Vertrauensbereich für den Mittelwert*[4] geschätzt.

Laden Sie die Beispieldatei `Beispiel_Univariate.csv` in die **R**-Arbeitsumgebung...

```
> Wirkstoffe <- read.csv2("Beispiel_Univariate.csv")
```

... und rufen die Funktion `t.test()` mit dem geforderten zweiseitigen Vertrauensbereich von 95% (`conf.level = 0.95`) auf:

```
> t.test(Wirkstoffe$Wirkstoff.A, alternative = "two.sided", conf.level = 0.95)
```

1 Siehe www.faes.de -> Lexikon -> Charge oder Los
2 Siehe www.faes.de -> Lexikon -> Stichprobe oder Probennahme
3 Siehe www.faes.de -> Lexikon -> Zahl, Das Gesetz der Großen -
4 Siehe www.faes.de -> Statistik -> Vertrauensbereich für den Mittelwert

R liefert Ihnen folgendes Ergebnis zurück:

```
>       One Sample t-test

data:  Wirkstoffe$Wirkstoff.A
t = 954.0783, df = 99, p-value < 2.2e-16
alternative hypothesis: true mean is not equal to 0
95 percent confidence interval:
  95.82285 96.22225
sample estimates:
mean of x
  96.02255
```

Wie wird nun das Ergebnis interpretiert? Die Kernaussage ist, dass der geschätzte Mittelwert 96,02 entspricht und mit einer statistischen Wahrscheinlichkeit von 95 % der wahre Mittelwert μ in dem Bereich von 95,82 bis 96,22 liegt.
Oder anders formuliert, der Vertrauensbereich um den Mittelwert 96,02 beträgt ± 0,20 mit einer statistischen Wahrscheinlichkeit von 95 %.

Sind Sie lediglich an einem Teilergebnis des t-Tests interessiert, wie z. B. dem Vertrauensbereich (confidence interval), kann dieses aus obigem Gesamtergebnis extrahiert werden.
Im 1. Schritt wird das t-Test-Ergebnis in dem Objekt `Ergebnis` abgelegt:

```
> Ergebnis <- t.test(Wirkstoffe$Wirkstoff.A, conf.level
= 0.95)
```

Das Objekt `Ergebnis` beinhaltet nun den oben abgebildeten Report für den Datensatz `Wirkstoff.A`. Zur Prüfung lassen Sie sich das Objekt Ergebnis und die Objektstruktur über `str(Ergebnis)` anzeigen. Mit der Struktur vor Augen, wird Ihnen klar, warum folgender Aufruf den Vertrauensbereich liefert:

```
> Ergebnis$conf.int[1:2]       #Vertrauensbereich
[1] 95.82285 96.22225

#Vertrauensbereich als ±-Wert um den Mittelwert:
> (diff(Ergebnis$conf.int[1:2]))/2
[1] 0.1997001
```

3.2.2 t-Test, Differenzentest

Mit dem Differenzen-t-Test[1] kann geprüft werden, ob zwei parallele unabhängige, normalverteilte Datenreihen einer Grundgesamtheit entstammen

1 Siehe www.faes.de -> Statistik -> Differenzen-t-Test

oder nicht.
Entwickeln wir zum Verständnis ein Szenario und beziehen uns auf den bisher verwendeten Datensatz `Beispiel_Univariate.csv`. Dieser Datensatz enthält zwei Ergebnisreihen, `Wirkstoff.A` und `Wirkstoff.B`, die Gehaltswerte einer Charge darstellen. Diese Gehaltswerte wurden auf Basis modifizierter, also leicht unterschiedlicher Prüfmethoden[1] ermittelt und die Ergebnisreihen lassen einen Unterschied vermuten.
Nun gilt es zu klären, ob die Differenzen zwischen den Merkmalsergebnissen zufällig sind oder nicht. Wenn die Differenzen nicht zufällig sind, liegt ein signifikanter Einfluss der Prüfmethode vor, da die Prüfungen ja an der gleichen Charge durchgeführt wurden.

Unsere Hypothese[2] (H_0) ist, dass die beiden Datenreihen sich nicht unterscheiden und die Differenz der Mittelwerte folglich 0 ist:

$$H_0 = \bar{x}_1 - \bar{x}_2 = 0 \quad \text{bzw. } \bar{x}_1 = \bar{x}_2$$

$$H_1 = \bar{x}_1 - \bar{x}_2 \neq 0 \quad \text{bzw. } \bar{x}_1 \neq \bar{x}_2 \quad (\textit{Alternativhypothese})$$

Schreiten wir zur Tat und laden Sie die Beispieldatei:

```
> Wirkstoffe <- read.csv2("Beispiel_Univariate.csv")
```

Schauen Sie sich mit Hilfe der Funktionen `sapply()` und `mean()` die Mittelwerte an, um einen Eindruck bezüglich des Unterschiedes zu erhalten:

```
> sapply(Wirkstoffe, mean)
Wirkstoff.A Wirkstoff.B Wirkstoff.C
   96.02255    93.97898    95.06789
```

Zwischen den Mittelwerten der Datenreihen `Wirkstoff.A` und `Wirkstoff.B` liegt schon ein deutlicher Unterschied vor. Nun wollen wir mit dem t-Test für gepaarte Beobachtungen die Hypothese H_0 bestätigen oder auf die Alternativhypothese (H_1) hinweisen.

```
> t.test(Wirkstoffe$Wirkstoff.A,Wirkstoffe$Wirkstoff.B,
paired = T)

         Paired t-test

data:  Wirkstoffe$Wirkstoff.A and Wirkstoffe$Wirkstoff.B
t = 14.6342, df = 99, p-value < 2.2e-16
alternative hypothesis: true difference in means is not
equal to 0
95 percent confidence interval:
```

1 Siehe www.faes.de -> Lexikon -> Prüfmethode
2 Siehe www.faes.de -> Lexikon -> Hypothese

```
 1.766489 2.320655
sample estimates:
mean of the differences
               2.043572
```

Das Ergebnis ist eindeutig, auch wenn wir nur von einem Siginifikanzniveau[1] von 5 % (0,05) ausgehen. Der p-Wert (`p-value`) unterschreitet deutlich das beispielhafte 2-seitige Siginifikanzniveau von 0,05/2 = 0,025. Die Hypothese H_0 muss zu Gunsten der alternativen Hypothese H_1, d. h., es liegt ein Unterschied zwischen den Mittelwerten und somit zwischen den Datenreihen vor, verworfen werden.

3.2.3 Anpassungstest Kolmogorov-Smirnov

Als Beispiel zum Thema Anpassungstest wird hier der Kolmogorov-Smirnov- (Kolmogoroff-Smirnoff-) Test[2] gezeigt.
Unser schon hinlänglich bekannter Datensatz `Wirkstoff.A` soll mit dem normalverteilten Datensatz `Vergleich` auf Übereinstimmung geprüft werden. Dazu wird im 1. Schritt der Datensatz `Vergleich` über die Funktion `rnorm()` erzeugt und nebenbei der Datensatz `Wirkstoffe` geladen:

```
> Wirkstoffe <- read.csv2("Beispiel_Univariate.csv")

#Normalverteilten Datensatz Vergleich erzeugen:
Vergleich <- rnorm(100,96,1)
```

Vielleicht erinnern Sie sich noch (Kapitel *3.1 Univarite Daten*), dass der Datensatz `Wirkstoff.A` ebenfalls über diese Funktion erzeugt wurde und deswegen kein Unterschied zu erwarten ist. Wir werden gleich sehen, dass sehr wohl Unterschiede auftreten, denn die Funktion `rnorm()` erzeugt die Normalverteilungsdaten *zufällig* um den Mittelwert 96 mit der Standardabweichung 1.
Rechnererzeugte Zufallszahlen sind aber leider nicht *wirklich* zufällig (Pseudozufallszahlen): Gerade wenn *nur*[3] 100 Werte erzeugt werden, macht sich diese Zufälligkeit bemerkbar. Deswegen empfehle ich Ihnen auch hier, um die Vergleichbarkeit der Aussagen zu gewährleisten, den Datensatz `Vergleich` (Datei *KS_Vergleich.csv*) ebenfalls von der Internetseite http://www.r-statistik.de herunterzuladen. Im Folgenden gehen wir von diesem Vergleichsdatensatz aus.

Verschaffen wir uns erst einmal einen optischen Überblick über unsere Da-

1 Siehe www.faes.de -> Lexikon -> Signifikanznieveau
2 Siehe www.faes.de -> Statistik -> Kolmogorov-Smirnov-Test
3 Siehe www.faes.de -> Lexikon -> Zahl, Das Gesetz der Großen -

tensätze!
Dazu bietet sich das uns schon bekannte Histogramm und die Darstellung als Dichtefunktion `density()` an. Um beide Datensätze auf einer Grafikoberfläche darstellen zu können, muss diese in 2 Teile geteilt werden. Das wird im 2. Schritt mit der Funktion `split.screen()` erreicht:

```
> split.screen(c(2,1))
[1] 1 2                              #... 2 Bereiche erzeugt
```

Im 3. Schritt wird das Histogramm *nicht* mit der absoluten, sondern mit der relativen Häufigkeit über das Attribut `freq = F` im 1. Bildbereich dargestellt:

```
> screen(1)               #Ausgabe im 1. Bildbereich
> hist(Wirkstoffe$Wirkstoff.A, main = "Wirkstoff A",
xlab = "Gehaltsbereich", ylab = "Rel. Häufigkeit", freq
= F)
```

Im 4. Schritt wird über die Funktion `lines()` die Dichtefunktion grafisch darüber gelegt:

```
> lines(density(Wirkstoffe$Wirkstoff.A))
```

Im 5. Schritt wird das Ganze für den Datensatz `Vergleich` im 2. Bildschirmbereich wiederholt:

```
> screen(2)               #Ausgabe im 2. Bildbereich
> hist(KS_Vergleich$Vergleich, main = "Vergleich", xlab
= "Gehaltsbereich", ylab = "Rel. Häufigkeit", freq = F)
> lines(density(KS_Vergleich$Vergleich))
```

Nun sollten Ihnen beide Datensätze, wie in Abbildung 58 dargestellt, gezeigt werden.

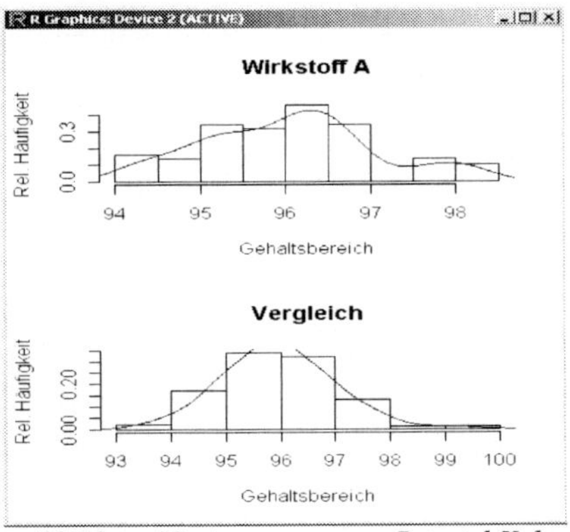

Abbildung 58: Anpassungstest-Beispiel Kolmogorov-Smirnov

Der nun gewährte optische Überblick lässt vermuten, dass die H_0-Hypothese auf Gleichheit der beiden Verteilungen wahrscheinlich zugunsten der Alternativhypothese H_1, die Nichtgleichheit, verworfen werden muss.

Der Aufruf des Kolmogorov-Smirnov-Tests `ks.test()`, zeigt folgendes Resultat:

```
> ks.test(Wirkstoffe$Wirkstoff.A, KS_Vergleich$Ver-
gleich)

        Two-sample Kolmogorov-Smirnov test

data:  Wirkstoffe$Wirkstoff.A and Vergleich
D = 0.1, p-value = 0.6994
alternative hypothesis: two.sided
```

Die Funktion `ks.test` liefert einen `p-value = 0.6994` und somit trifft die H_0-Hypothese auf Gleichheit der Verteilungen zu 69,94 % zu.

Kommen wir kurz zur Grafik zurück! Vielleicht haben Sie es gemerkt, obige grafische Darstellung ist auf diese Art erstellt worden, um Ihnen die Möglichkeiten über `split.screen` nahe zubringen. Mit `close.screen(all.screens=T)` können Sie beide Grafikfenster schließen, um zum Ausgangszustand zurück zu kehren.
Es geht auch einfacher, indem die Vergleichsverteilung `Verteilung` als gestrichelte Linie eingezeichnet wird (Abb. 59):

```
> hist(Wirkstoffe$Wirkstoff.A, main = "Wirkstoff A",
xlab = "Gehaltsbereich", ylab = "Rel. Häufigkeit", freq
= F)

> lines(density(Wirkstoffe$Wirkstoff.A))

># Attribut lty = 2 erzeugt eine gestrichelte Linie:
> lines(density(KS_Vergleich$Vergleich), lty = 2)
```

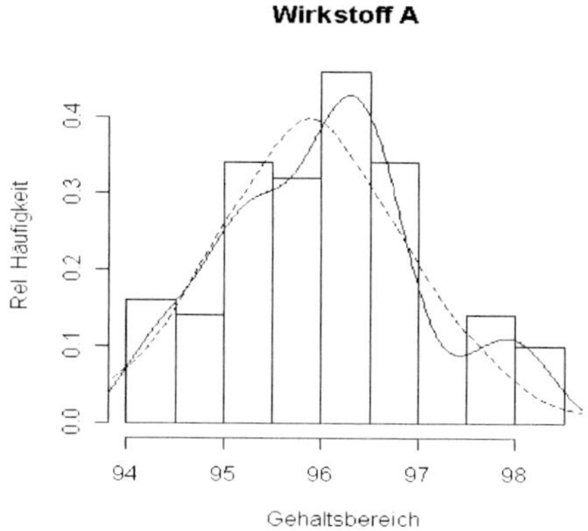

Abbildung 59: Abbildung Anpassungstest, Darstellungsvariante

3.3 Multivariate Daten

Multivariate Analysenmethoden[1] beschäftigen sich mit der Betrachtung mehrdimensionaler Daten (Merkmalsausprägungen). Multivariate oder mehrdimensional bedeutet hier, dass ein *Objekt* durch mehr als ein Merkmal ausgeprägt ist oder beschrieben wird.
Ist das Objekt nur durch ein Merkmal ausgeprägt (z. B. Wirkstoffgehalt einer produzierten Charge, siehe vorangegangene Kapitel), wird von univariaten oder eindimensionalen Daten gesprochen.
In diesem Kapitel wird beispielhaft die strukturprüfende Methode *Regressionsanalyse* und die strukturentdeckende Methode Faktorenanalyse beschrieben.
Ich möchte, wie auch schon im Kapitel *1.4 Ziel dieser Einführung* erwähnt, dass die Anwendung von **R** und nicht das Erklären der statistischen Methodik im Vordergrund steht.

3.3.1 Regressionsanalyse

Die Abhängigkeit zwischen zwei Merkmalen eines Objekts werden mit der Korrelations- und Regressionsanalyse[2] untersucht.
Auch wenn aufgrund theoretischer Überlegungen sicher ist, dass zwei Merkmale eines Objektes miteinander zusammenhängen, gibt die Korrelations- und Regressionsanalyse Auskunft über die Art und Grad des Zusammenhanges. Die Korrelationsanalyse ermöglicht eine Aussage über die Stärke und Richtung und die Regressionsanalyse über die Abhängigkeit dieser Merkmale durch eine angepasste Regressionsgleichung.

Starten wir mit der einfachen linearen Regressionsanalyse $y = a + bx$. Sie können natürlich wieder Ihren eigenen Datensatz verwenden, aber um die Vergleichbarkeit der Daten zu gewährleisten, möchte ich Ihnen empfehlen, den Datensatz `Regressionsbeispiel.csv`, den Sie ebenfalls von der Internetseite http://www.r-statistik.de herunterladen können, zu verwenden:

1 Siehe www.faes.de -> Statistik -> Multivariate Analysemethoden
2 Siehe www.faes.de -> Statistik -> Korrelations- und Regressionsanalyse

```
Regressionsbeispiel - Editor
Datei  Bearbeiten  Format  ?
"X";"Y"
1;1,2
2;2,1
3;2,9
4;4
5;5,2
6;6,05
7;6,9
8;7,8
9;9,3
10;10,2
11;11,4
12;11,85
13;13
14;14,05
15;15,15
16;15,95
17;17,1
18;18,15
19;18,95
```

Abbildung 60: Datensatz Regressionsbeispiel

Laden Sie mit ...

```
> R.Beispiel <- read.csv2("Regressionsbeispiel.csv")
```

... den obigen Datensatz und speichern diesen in `R.Beispiel` ab. In obiger Abbildung 60 wird der Datensatz dargestellt. Sicher vermuten Sie, nicht nur weil dieses Beispiel darauf basiert, einen linearen Zusammenhang. Liegt Ihnen ein unbekannter Datensatz vor, sollten Sie sich über die Funktion `plot()` einen ersten Überblick verschaffen:

```
> plot(R.Beispiel$X, R.Beispiel$Y, type = "p", , main =
"Datensatz R.Beispiel", ylab = "Y", xlab = "X")
```

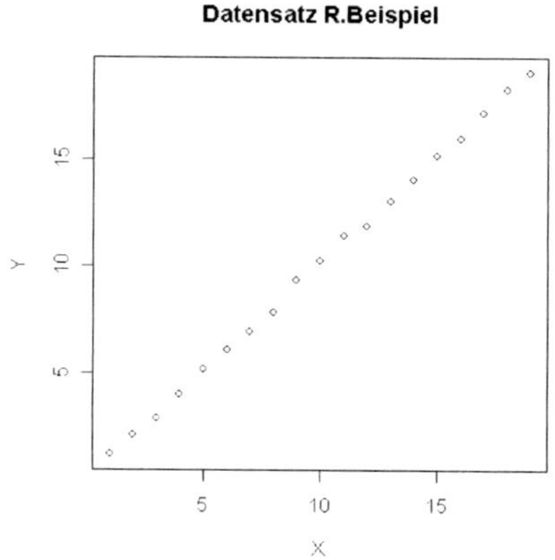

Abbildung 61: plot Datensatz R.Beispiel

Durch die Grafik (Abb. 61) wird der vermutete lineare Zusammenhang bestätigt. Die einfache lineare Regressionsanalyse kann mit der Funktion `lm()`, *Fitting Linear Models* durchgeführt werden. Nur weicht dieser Funktionsaufruf von den bisher bekannten aber etwas ab, da dieser Aufruf die Formelnotation „~“ (*abgebildet durch*) erwartet:

Funktion(*y* wird abgebildet durch *x*)[1]

Funktion(y ~ x)

Die Tilde „~“ trennt in dieser Notation die Zielvariable (die abhängige Variable) auf der linken Seite von dem *Modell*. In unserem konkreten Beispiel ist das Modell die unabhängige Variable x. Hinter dem Begriff Modell in Verbindung mit der Formelnotation verbirgt sich ein flexibles Konzept. Auf das ein oder andere Modellkonzept wird im Weiteren noch eingegangen.

Für das aktuelle Beispiel wird die Funktion `lm()` nun wie folgt aufgerufen...

```
> lm(R.Beispiel$Y ~ R.Beispiel$X)
```

... und zeigt folgendes Ergebnis:

```
Call:
lm(formula = R.Beispiel$Y ~ R.Beispiel$X)

Coefficients:
 (Intercept)  R.Beispiel$X
     0.07456       0.99912
```

Der Schnittpunkt a (Intercept) wird mit 0,07456 und die Steigung b (R.Beispiel$X) mit 0,99912 für den Beispieldatensatz angegeben. Damit ist der *geschätzte* lineare Zusammenhang über

$$y = 0{,}07456 + 0{,}99912x$$

beschrieben, aber Aussagen zur Güte dieser Anpassung fehlen noch.

Bevor wir dazu kommen, zeichnen wir in der grafischen Datensatz-Darstellung den linearen Zusammenhang mit `abline()` ein (Abb. 62):

```
> abline(lm(R.Beispiel$Y ~ R.Beispiel$X))
```

1 Siehe www.faes.de -> Mathematische Grundlagen -> Relation und Funktion

Nun erzeugt der Funktionsaufruf `lm()` noch weitere Daten, die durch obigen simplen Aufruf nicht ausgegeben werden.

Hier kommen wir wieder zum Modellkonzept zurück, denn ein Bestandteil des Konzeptes sind Extraktionsfunktionen, wie die Funktion `summary()`.

Wird die `summary`-Funktion kombiniert mit der `lm`-Funktion aufgerufen, erhalten Sie deutlich mehr Informationen über das lineare Modell:

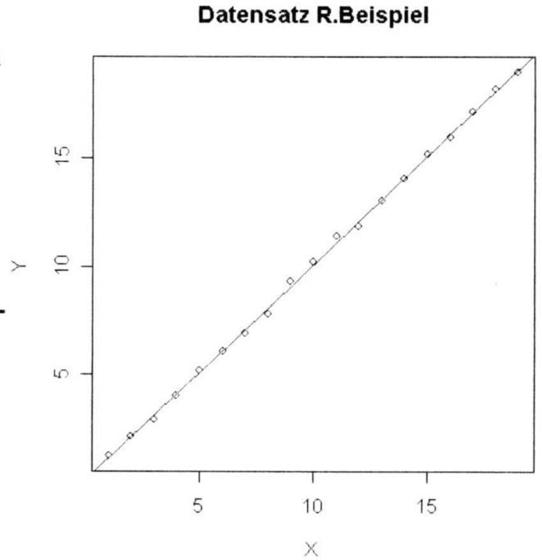

Abbildung 62: Datensatz-plot und Regressionsgerade

```
> summary(lm(R.Beispiel$Y ~ R.Beispiel$X))

Call:
lm(formula = R.Beispiel$Y ~ R.Beispiel$X)

Residuals:
     Min       1Q   Median       3Q      Max
-0.26754 -0.10921 -0.01228  0.10877  0.33509

Coefficients:
             Estimate Std. Error t value Pr(>|t|)
(Intercept)  0.074561   0.077251   0.965    0.348
R.Beispiel$X 0.999123   0.006775 147.464   <2e-16 ***
---
Signif. codes:  0 '***' 0.001 '**' 0.01 '*' 0.05 '.' 0.1
' ' 1

Residual standard error: 0.1618 on 17 degrees of freedom
Multiple R-Squared: 0.9992,     Adjusted R-squared:
0.9992
F-statistic: 2.175e+04 on 1 and 17 DF,  p-value: < 2.2e-
16
```

Über die Angabe des Modells (`Call`-Zeilen) können wir sicher hinweg gehen. Die Ausgabezeilen zu den Residuen[1] (`Residuals`) vermitteln Ihnen einen Überblick über die Verteilung der Abweichung der y-Werte zu den geschätzten y-Werten (*die Residuen*). Ab einem bestimmten Datenumfang werden sie in obiger Form dargestellt und für eine „Hand voll Daten“ wird

1 Siehe www.faes.de -> Lexikon -> Residuen

diese Differenz für jeden y-Wert ausgegeben.

Die `Coefficients`-Ausgabezeilen machen Angaben zu Standardabweichungen für den Schnittpunkt a[1] (`Intercept`) mit `Std. Error = 0.077251` und für die Steigung b mit `Std. Error = 0.006775`. Zur Steigung b sei hier der `t value`= `147.464` mit obiger Wahrscheinlichkeit (`Pr(>|t|)= <2e-16 ***`) erwähnt. Dieser Wert basiert auf den *t-Test zur Prüfung des Korrelationskoeffizienten*[2] und lässt eine Aussage über die Signifikanz des Zusammenhanges zwischen den Merkmalen `X` und `Y` zu. In diesem Beispiel ist ein Zusammenhang hoch signifikant.
Die „`***`“ zur ausgegeben Wahrscheinlichkeit beziehen sich auf das Signifikanzniveau in der folgenden Zeile (`Signif. codes`).

Die Zeile `Residual standard error` mit dem Wert `0.1618` macht Angaben zur Schätzung der Standardabweichung für den geschätzten y-Wert[3], wenn x einen bestimmten Wert annimmt.

Nun kommen wir endlich zum Bestimmtheitsmaß r^2, das in der Zeile `Multiple R-Squared` mit `0.9992` ausgegeben wird. Das Bestimmtheitsmaß sieht nun ja schon ganz gut aus, nur welchen Wert nimmt der Korrelationskoeffizient r an? Um r zu berechnen, machen wir einen Ausflug in die Struktur des Objektes `lm`. Dazu wird die Ausgabe der Funktionen `summary(lm())` in eine Zwischenvariable abgelegt...

```
>z <- summary(lm(R.Beispiel$Y ~ R.Beispiel$X))
```

... und anschließend schauen wir uns die Struktur mit `str()` des Objektes `z` an:

```
> str(z)              #Anzeige der Datenstruktur

List of 11
...
... Auszug aus der Ausgabe ...
...
 $ r.squared     : num 0.992
...
```

Die Ausgabe der Struktur des Objektes `z` ist recht umfangreich, aber letztlich werden Sie auch auf oben dargestellten Ausschnitt `$ r.squared` treffen.

1 Siehe www.faes.de -> Statistik -> Korrelations- und Regressionsanalyse -> Kovarianz und Standardabweichung für a, b und r

2 Siehe www.faes.de -> Statistik -> Korrelations- und Regressionsanalyse -> Test des Korrelationskoeffizienten

3 Siehe www.faes.de -> Statistik -> Korrelations- und Regressionsanalyse -> Kovarianz und Standardabweichung für a, b und r -> Standardabweichung $s_{y.x}$

Nachdem wir die Struktur kennen, können wir auf das *Objekt* Bestimmtheitsmaß zugreifen und den Korrelationskoeffizienten r berechnen:

```
# Quadratwurzel aus r²:
> sqrt(z$r.squared)
[1] 0.9996093
```

Sie denken nun sicher, dass diese Art der Berechnung des Korrelationskoeffizienten ziemlich umständlich ist, was ja auch stimmt! Bei dieser kleinen Übung geht es mehr darum, Ihnen nahe zu legen, zum Erkennen der Möglichkeiten ab und an die Objektstruktur zu prüfen.

R bietet Ihnen natürlich eine Funktion, nämlich `cor()`, zur Berechnung des Korrelationskoeffizienten:

```
> cor(R.Beispiel$X, R.Beispiel$Y)
[1] 0.9996093
```

Die Funktion `cor()` schätzt nur den Korrelationskoeffizient, wenn der Datensatz komplett ist. Sollten im Datensatz Werte fehlen (siehe Kapitel *3.1.1 Exkurs fehlende Werte*), kommen Sie hier auch nicht mit der vielleicht noch bekannten Methode `na.rm = T` weiter. Aus dem hier bereits verwendeten Beispieldatensatz wurde der 6. und 11. Wert gelöscht und unter der Datei `Regressionsbeispiel_NA.csv` gespeichert. Dieser Datensatz wird in die Variable `R.NA.Beispiel` geladen:

```
> R.NA.Beispiel <-
read.csv2("Regressionsbeispiel_NA.csv")
```

Wenn nun die Funktion `cor()` für diesen Datensatz aufgerufen wird, erhalten Sie einen klaren Hinweis auf fehlende Werte im Datensatz:

```
> cor(R.NA.Beispiel$X, R.NA.Beispiel$Y)
Fehler in cor(R.NA.Beispiel$X, R.NA.Beispiel$Y) :
        fehlende Beobachtungen in cov/cor
```

Um fehlende Werte auszuschließen, bietet Ihnen die Funktion `cor()` die Methode `use="complete.obs"` an:

```
> cor(R.NA.Beispiel$X, R.NA.Beispiel$Y, use="comple-
te.obs")
[1] 0.9997041
```

Um weitere Möglichkeiten kennen zu lernen, rufen Sie einfach mal die Hilfe zur `cor()`-Funktion auf.

Neben der oben dargelegten Extraktionsfunktion `summary()` sind in diesem Kapitel sicher noch die Extraktionsfunktionen

➢ `fitted()` zur Ausgabe der geschätzten y-Werte für jeden x-Wert,

➢ die Funktion resid(), zur Ausgabe der Differenzen zwischen dem geschätzten y-Wert und dem im Datensatz vorhandenen y-Wert, und

➢ die Funktion `coef()` zur Ausgabe der Regressionskoeffizienten zu erwähnen:

```
# Ausgabe der geschätzten y-Werte:
> fitted(lm(R.Beispiel$Y ~ R.Beispiel$X))
        1         2         3         4         5
6         7         8
 1.073684  2.072807  3.071930  4.071053  5.070175
6.069298  7.068421  8.067544
        9        10        11        12        13
14        15        16
 9.066667 10.065789 11.064912 12.064035 13.063158
14.062281 15.061404 16.060526
       17        18        19
17.059649 18.058772 19.057895

# Ausgabe der Differenzen:
> resid(lm(R.Beispiel$Y ~ R.Beispiel$X))
          1           2           3           4
5           6
 0.12631579  0.02719298 -0.17192982 -0.07105263
0.12982456 -0.01929825
          7           8           9          10
11          12
-0.16842105 -0.26754386  0.23333333  0.13421053
0.33508772 -0.21403509
         13          14          15          16
17          18
-0.06315789 -0.01228070  0.08859649 -0.11052632
0.04035088  0.09122807
         19
-0.10789474
```

Schauen wir uns obige Ausgabe etwas genauer an! Die Funktion `fitted` liefert für den ersten x-Wert als geschätzten y-Wert `1,073684` und folglich zeigt die Funktion `resid` für diesen geschätzten y-Wert als Differenz zum 1. y-Wert des Datensatzes `0.12631579`.

Möchten Sie nicht unbedingt Angaben zum Modell angegeben bekommen, können Sie die Regressionskoeffizienten direkt aus dem Modell extrahieren, indem Sie die Funktion `coef()` anwenden:

```
> coef(lm( Koeffizienten <- coef(lm(R.Beispiel$Y ~ R.-
Beispiel$X))
```

```
(Intercept) R.Beispiel$X
  0.0745614    0.9991228
```

Die Koeffizienten sind nützlich, wenn Sie für nur einen x-Wert den zugehörigen y-Wert schätzen möchten. Diese Schätzung bauen wir nun schrittweise auf:
Im 1. Schritt speichern wir die Koeffizienten in eine geeignete Variable,...

```
># Koeffizienten spreichen:
> Koeffizienten <- coef(lm(R.Beispiel$Y ~ R.Beispiel$X))
```

...bilden einen Vektor mit dem x-Wert, z. B. 5,5, und...

```
> x.Wert <- c(1,5.5)  # Erinnerung Vektormultiplikation!
```

... führen nun die Vektormultiplikation mit anschließender Summierung durch:

```
> sum(x.Wert * Koeffizienten)
[1] 5.569737   # Geschätzter y-Wert
```

Wenn Sie schon mit der Hilfefunktion gespielt haben, wird Ihnen in diesem Zusammenhang vielleicht die Funktion `predict()`, auch eine Extraktionsfunktion, zur Schätzung der y-Werte aufgefallen sein. Zur Einzelwertschätzung ist sie nicht geeignet, aber um den Vertrauensbereich in der schon weiter oben dargestellten Regressionsgerade aufzunehmen, sicher.
Wird die Funktion `predict()` ohne Attribute aufgerufen, verhält sie sich wie die Funktion `fitted()`. Werden allerdings die Argumente `int(erval) = "c(onficence)"` für Konfidenzintervall (Vertrauensbereich) und `level = 0.98` (0.95 ist der Standardwert) für die Wahrscheinlichkeit mitgegeben, werden die entsprechenden Daten mit ausgegeben:

```
> predict(lm(R.Beispiel$Y ~ R.Beispiel$X), int = "c",
level = 0.98)
        fit        lwr        upr
1   1.073684  0.8904491  1.256919
2   2.072807  1.9041862  2.241428
3   3.071930  2.9173472  3.226512
4   4.071053  3.9297601  4.212345
5   5.070175  4.9411936  5.199157
:          :          :          :
19 19.057895 18.8746596 19.241130
```

Diesen Umstand werden wir nun nutzen und das Funktionsergebnis speichern:

```
> pred.Beispiel <- predict(lm(R.Beispiel$Y ~
R.Beispiel$X), int = "c", level = 0.98)
```

Die weiter oben dargestellte Grafik wird erneut erzeugt,...

```
> plot(R.Beispiel$X, R.Beispiel$Y, type = "p", , main =
"Datensatz R.Beispiel", ylab = "Y", xlab = "X")
```

... mit der Funktion `matlines()` wird der Vertrauensbereich dazu gespielt...

```
> matlines(pred.Beispiel)
```

... und die Grafik sollte wie folgt aussehen (Abb. 63):

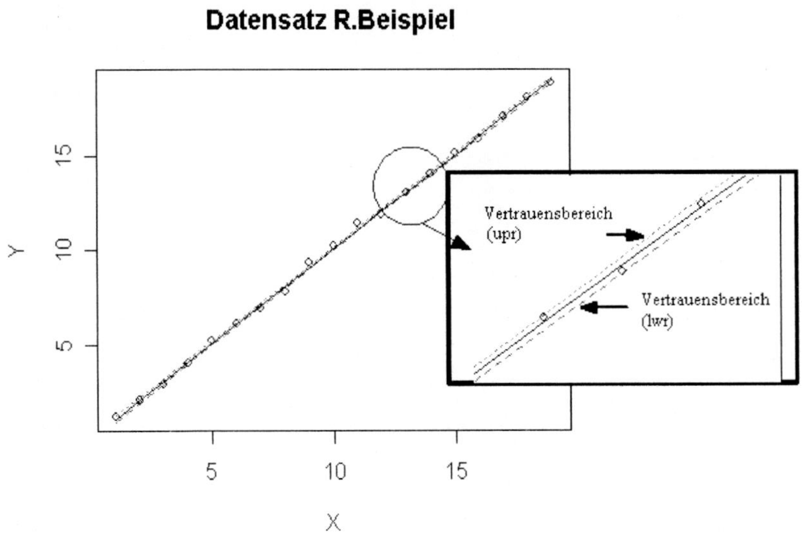

Abbildung 63: Regressionsgerade mit Vertrauensbereich

Als letzte Extraktionsfunktion des Kapitels möchte ich Sie auf die grafische Übersichtsfunktion `plot()` hinweisen:

```
> plot(lm(R.Beispiel$Y ~ R.Beispiel$X))
Warte auf Bestätigung des Seitenwechsels...
```

Für unser Beispielmodell werden Ihnen die folgenden Grafiken angeboten:

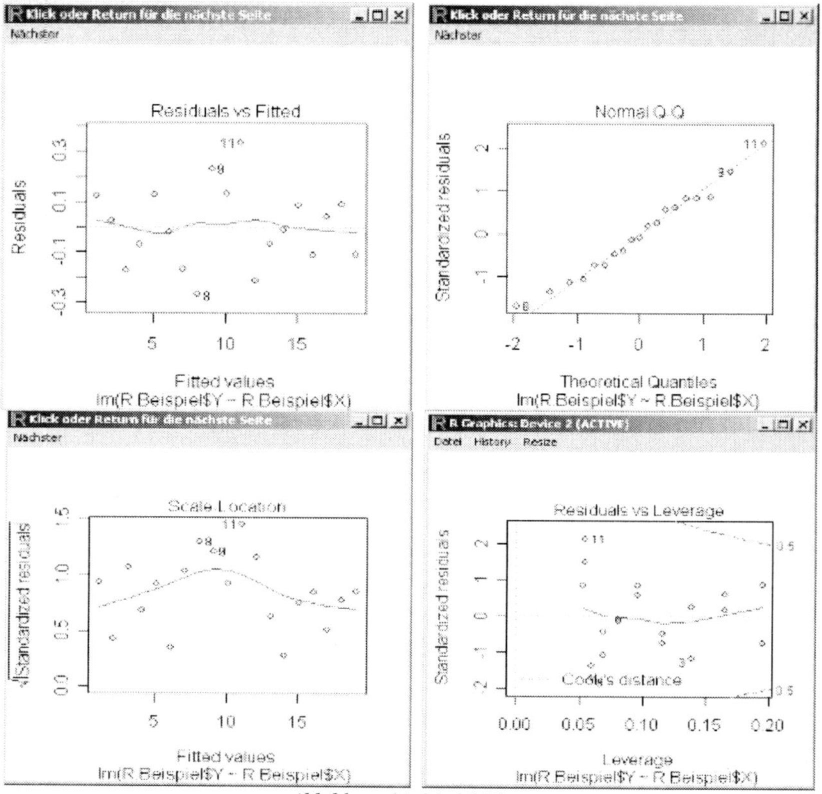

Abbildung 64: Model-Plot

Obige Grafiken werden Ihnen der Reihe nach angeboten, aber dazu müssen Sie im aktiven Grafikfenster mit `Enter` oder über das Grafikfenster-Menü mit **Nächster -> Nächster Plot** zur nächsten Grafik wechseln. **R** macht Sie aber über die Konsole darauf aufmerksam.

Zum Schluss des Kapitels eine tabellarische Aufstellung der Extraktionsfunktionen der Objektklasse „lm“:

add1	**coef**	effects	kappa	**predict**
residuals	alias	deviance	family	lables
print	step	anova	drop1	**plot**
proj	**summary**			
Schriftbreite normal: siehe Hilfe Schrift **fett**: Verwendet im Kapitel				

Tabelle 5: Übersicht Extraktionsfunktionen Objekt "lm"

3.3.1.1 Exkurs Plot-Funktion

In diesem Kapitel werden weitere Möglichkeiten im Zusammenhang mit der `plot`-Funktion, um die grafische Darstellung „aufzuhübschen", dargelegt. Als Beispieldatensatz dient auch hier die Datei `Regressionsbeispiel.csv`:

```
> R.Beispiel <- read.csv2("Regressionsbeispiel.csv")
```

Dieser Beispieldatensatz ist ja sehr einfach gestrickt und führt über `plot()` zu einer dementsprechenden einfachen grafischen Darstellung (Abb. 65):

```
> plot(R.Beispiel)
```

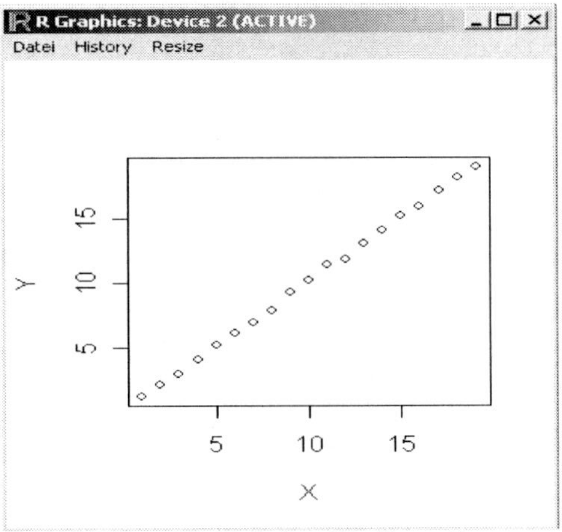

Abbildung 65: Einfachste Plot-Darstellung

Diese einfache grafische Darstellung werden wir durch weitere Argumente (Optionen) oder durch Kombinationen mit weiteren Funktionen ergänzen. Um Sie aber ein bisschen für dieses Thema zu motivieren und von der Leistungsfähigkeit der `plot`-Funktion zu überzeugen, „plotten“ Sie doch einfach mal den Datensatz `Exkurs_Plot.csv`, den Sie natürlich auch von der Homepage laden können:

```
> Multivar <- read.csv2("Exkurs_Plot.csv")

> Multivar                    # Mal anschauen....!
    X     Y      Z Messpunkt
1   1  1.20   1.44         A
2   2  2.10   4.41         C
3   3  2.90   8.41         B
:   :     :      :         :
15 15 15.15 229.52         A

> plot(Multivar)
```

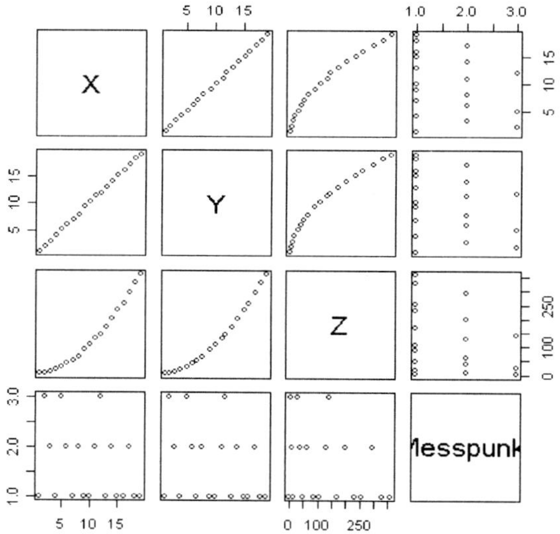

Abbildung 66: Komplexe Plot-Darstellung

R versucht Ihnen über die `plot`-Funktion einige sinnvolle grafische Informationen über den Datensatz zu vermitteln. Die Interpretation soll hier nicht geführt werden, sondern wir gehen zurück zu unserem Ausgangsbeispiel und dem Kapitelziel.

In dem obigen Beispiel „Einfachste Plot-Darstellung“ werden die Daten durch Punkte dargestellt und dies entspricht der `plot`-Voreinstellung. Über die Option `plot(R.Beispiel,` type = "*Argument*") können Sie folgende Darstellungstypen auswählen:

Argument für `type`	Darstellung
p	Punkte
l	Linien
b	Punkte und Linien
c	Linien und Lücken anstelle der Punkte
o	Punkte durch Linien überschrieben
h	Vertikale Linien (ähnlich Histogramm)
s	Stufen
n	Koordinatensystem *ohne* Werte

Tabelle 6: Plot-Funktion, Argumente für type

Der Grafiktitel, die Überschrift, wird über die Option `main = ""` und die Achsenbeschriftungen über die Optionen `ylab = ""` und `xlab = ""` in die Grafik eingetragen (Abb. 67):

```
> plot(R.Beispiel,
type = "o", main =
"Beispielgrafik",
ylab = "Y-Werte",
xlab = "X-Werte")
```

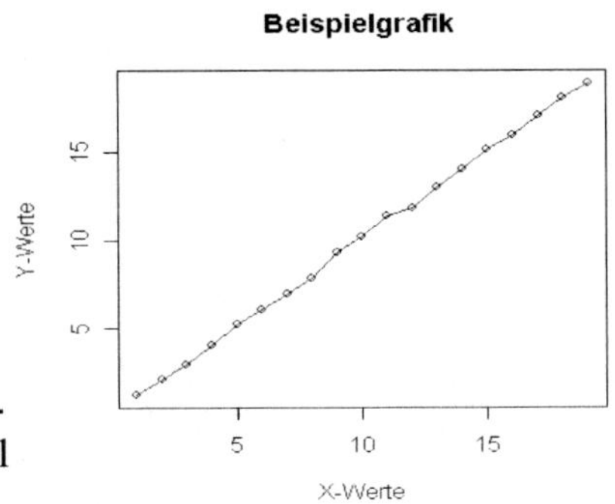

Abbildung 67: Plot-Darstellung, Titel und Achsenbeschriftung

Eine weitere Möglichkeit Grafiken mit beschreibenden Elementen, wie Titel und/oder Untertitel darzustellen, ist die Funktion `title()`. Dazu stellen wir die

Grafik über die `plot`-Funktion ohne Titel dar...

```
> plot(R.Beispiel, type = "o", ylab = "Y-Werte", xlab =
"X-Werte")
```

... und tragen danach einen Haupttitel und einen Untertitel (`sub`) in die grafische Darstellung (Abb. 68) ein:

```
> title("Beispiel Titel", sub = "Beispiel Subtitel",
font.main = 4, font.sub = 2)
```

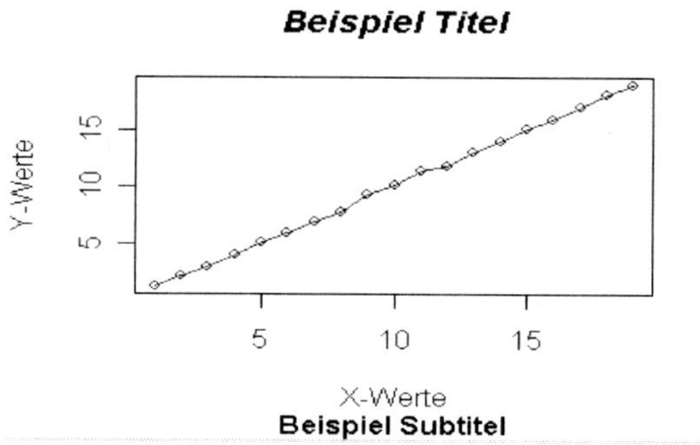

Abbildung 68: Plot-Darstellung und Titel / Untertitel

Über die Argumente `font` legen Sie den Schrifttyp fest; siehe Hilfe.

Möchten Sie direkt auf der Grafikfläche einen Text ausgeben, hilft die Funktion `text()` weiter.

```
> text(10,5, "Besonde-
rer Hinweis")
```

Durch die `text`-Funktion wird der Text „Besonderer Hinweis" um die x-Koordinate zentriert an der x-y-Position ausgegeben (Abb. 69).

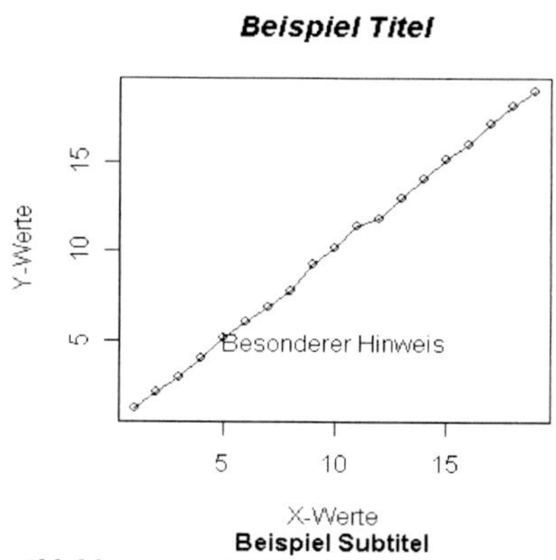

Abbildung 69: Plot-Darstellung, zusätzlicher Text

Die Funktion `legend(x, y)` ermöglicht es Ihnen, eine Zeichenlegende in die Grafik einzubinden. Zur Erleichterung wenden wir hier wieder das Argument `pch = ""` an und füllen den *Legendenkasten* mit einem grauen Hintergrund über das Argument bg = "grey" :

```
># Linientyp "o" und für Datenpunkt "x":
> plot(R.Beispiel, type = "o", pch = "x", ylab = "Y-Wer-
te", xlab = "X-Werte")

># Einbinden der Legende:
> legend(3,13, "Das ist eine Legende", pch = "x", bg =
"grey")
```

Grafikausgabe:

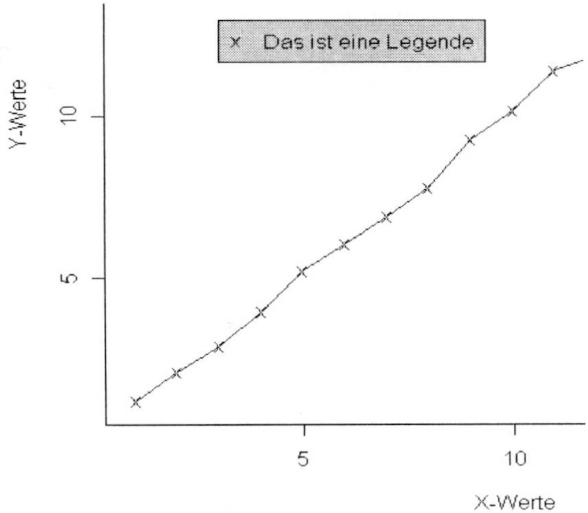

Abbildung 70: Plot-Darstellung, Legende

Im obigen Beispiel (Abb. 70) haben wir für die Legende die x-y-Koordinaten (*3, 13*) selber gesetzt. **R** bietet Ihnen aber auch hier eine Vereinfachung an und zwar, z. B. das "topleft"-Argument. Dazu wird wieder obige Grafik ohne die Legende dargestellt und nun die Legende durch folgende Anweisungen eingebunden:

```
># Legendenposition "topleft":
> legend("topleft", "Das ist eine Legende", pch = "x",
bg = "grey")
```

Wie erwartet, wird die Legende „oben links" im Grafikbereich (Abb. 71) ausgegeben:

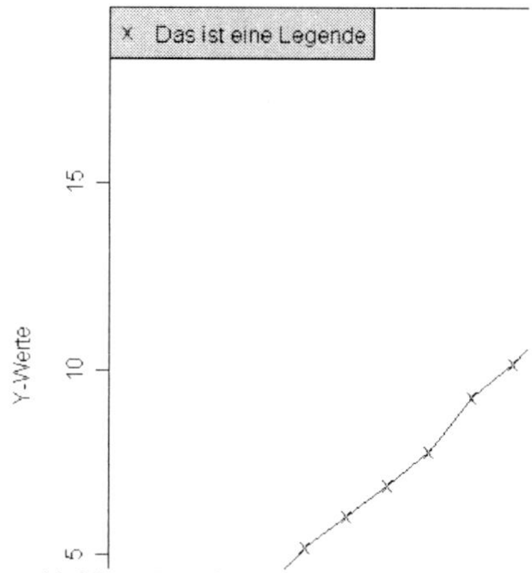

Abbildung 71: Plot-Darstellung, Legendenposition

Dies ist eine recht elegante Möglichkeit, Legenden einzubinden und Ihnen stehen folgende vordefinierte Positionen zur Verfügung:

`bottomright`	`bottom`	`bottomleft`	`left`
`topleft`	`top`	`topright`	`right`
`center`			

Tabelle 7: Plot-Funktion, Legendenposition

Sind Sie ein Freund von Gitterlinien, hilft hier das Argument `tck = 1` weiter:

```
> plot(R.Beispiel, type = "o", pch = "x", ylab = "Y-Wer-
te", xlab = "X-Werte", tck = 1)
```

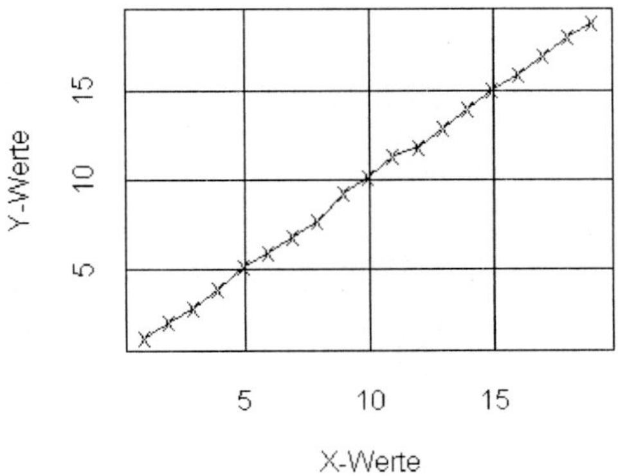

Abbildung 72: Plot-Darstellung, Gitterlinie

Mit den bisher genannten Möglichkeiten können Sie sicher recht anschauliche Grafiken aus Ihren Daten erstellen. Die `plot`-Funktion bietet Ihnen allerdings noch weiteres zur Gestaltung an, nur hier sei auf die Hilfefunktion hingewiesen.
Die Grafikfunktion `plot()` und auch die weiter oben genannten High-Level-Grafiken, greifen auf Grafikparameter, die über die Funktion `par()` gesetzt werden, zurück. Wenn Sie sich also über die Hilfefunktion z. B. über plot informieren, schauen Sie auch immer in die par-Hilfe rein! Dadurch erweitern Sie die grafischen Darstellungsmöglichkeiten enorm!

3.3.2 Faktorenanalyse

Über die Faktorenanalyse[1] wird der Wirkzusammenhang zwischen zwei oder mehreren Variablen (Merkmale) untersucht. Es ist eine methodische Nähe zur Regressions- und Korrelationsanalyse gegeben.
Muss jedoch eine große Zahl von Einflussvariablen berücksichtigt werden, kann sich durch eine mögliche Abhängigkeit der Einflussvariablen untereinander eine unbefriedigende Auswirkung auf die abhängige(n) Variable(n) ergeben.

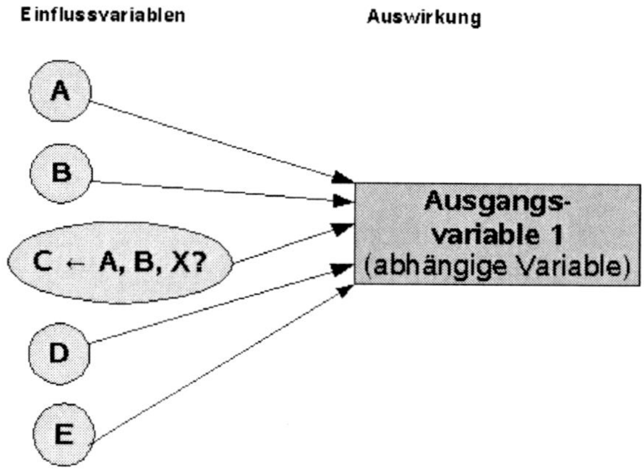

Abbildung 73: Faktorenanalyse, Einfluss und Auswirkung

Durch obige Grafik (Abb. 73) soll die Vermutung angedeutet werden, dass die Variable C möglicherweise von den Variablen A, B und/oder einer weiteren unbekannten Variablen X abhängig ist. Diese Vermutung ist eine *Voraussetzung zur Anwendung der Faktorenanalyse.*
Das Ziel der Faktorenanalyse ist es, die voneinander unabhängigen Einfluss*faktoren* zu ermitteln und dann mit diesen die weiteren Analysen durchzuführen (*strukturendeckendes Verfahren*, Abb. 74). Das bedeutet, dass mit der Faktorenanalyse eine *Informationsreduktion* einhergeht und somit die Komplexität des „Problems" vereinfacht werden *kann.*

1 www.faes.de -> Lexikon -> Multivariate Daten -> Multi. Analysemethoden -> Faktorenanalyse

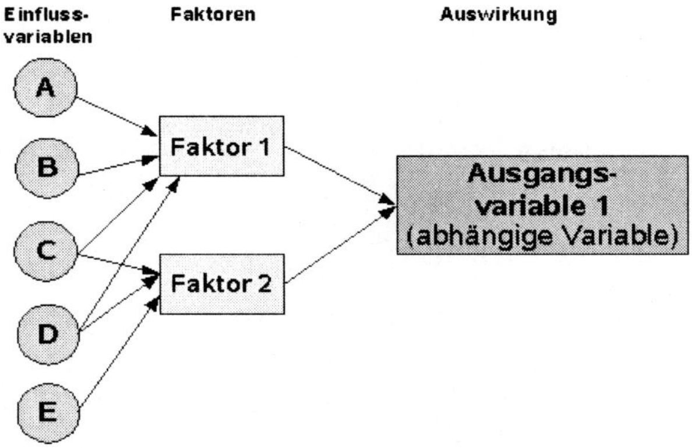

Abbildung 74: Faktorenanalyse, Einfluss / Faktor / Auswirkung

Die Faktorenanalyse ist mit einem nicht unerheblichen Rechenaufwand verbunden, aber mit **R** werden wir diesen bewältigen. Als Beispieldaten wird die rechts stehende Tabelle (Abb. 75) verwendet, die Sie natürlich auch als Datei (`Faktorenanalyse.csv`) laden können.

	A	B	C	D	E	F
1		M1	M2	M3	M4	M5
2	Produkt_A	2	1	2	2	3
3	Produkt_B	3	7	4	3	5
4	Produkt_C	5	6	6	5	6
5	Produkt_D	5	7	7	6	7
6	Produkt_E	3	2	3	7	8
7	Produkt_F	4	4	5	7	9

Abbildung 75: Beispieldatensatz Faktorenanalyse

Um einen Überblick über den Beispieldatensatz zu erhalten, ist die Korrelationsmatrix sicher hilfreich. Anhand der Koeffizienten können Sie eine erste Vermutung über den Zusammenhang innerhalb der Matrix machen. Dazu wird der Beispieldatensatz in die **R**-Umgebung geladen:

```
> Fakt.Beispiel <- read.csv2("Faktorenanalyse.csv")
```

Versuchen Sie die Korrelationsmatrix mit Datensatz `Fakt.Beispiel` zu berechnen, erhalten Sie eine Fehlermeldung, weil die Spalte A (Abb. 75) in dem Beispieldatensatz stört. Also müssen wir zuerst „die gewünschten" Daten extrahieren:

```
># Daten extrahieren:
> Fakt.Daten <- subset(Fakt.Beispiel, select = M1:M5)
```

Dem Datensatz `Fakt.Daten` fehlt nun die Spalte A (Produkt_A, ..., Produkt_F) und der Berechnung der Korrelationsmatrix über die Funktion `cor()` steht nichts mehr im Wege:

```
> cor(Fakt.Daten)
          M1         M2        M3          M4        M5
M1 1.0000000 0.70181003 0.9710083 0.55110708 0.5096472
M2 0.7018100 1.00000000 0.8053658 0.07367095 0.1430702
M3 0.9710083 0.80536580 1.0000000 0.45868247 0.4453845
M4 0.5511071 0.07367095 0.4586825 1.00000000 0.9710083
M5 0.5096472 0.14307020 0.4453845 0.97100831 1.0000000
```

Wagen wir auf Basis der Korrelationsmatrix eine Interpretation: Es scheint einen Zusammenhang zwischen den Variablen M1, M2 und M3 und zwischen den Variablen M4 und M5 zu bestehen. Es könnten also *2 Faktoren* hinter den Einflussvariablen vermutet werden.
Zur Untermauerung dieser Vermutung hilft das *Kaiser-Kriterium*[1] weiter. Dazu berechnen wir die *Eigenwerte* der Korrelationsmatrix über die Funktion `eigen()`, wobei wir uns aber nur für die `values`-Daten interessieren:

```
># Eigenwerte:
> eigen(cor(Fakt.Daten))
$values
[1] 3.30340597 1.44476368 0.22290296 0.01759271
0.01133468
```

Da der Eigenwert für den 3. Faktor schon 0,2229 beträgt (der Eigenwert sollte > 1 betragen), kann von der Annahme, dass 2 Faktoren genügen, ausgegangen werden. Auf Basis dieser Annahme rufen wir die Faktorenanalyse - Funktion `factanal()` auf:

```
> Fakt.Ergebnis <- factanal(Fakt.Daten, factors=2,sco-
res="Bartlett",rotation="varimax")
```

Das Ergebnis wird im Datenobjekt `Fakt.Ergebnis` gespeichert. Die Funktion kann mit einigen Parametern[2], wie oben gezeigt, aufgerufen werden. Hier müssen Sie natürlich die dem Problem angepassten Attribute auswählen.
Schauen wir uns das Ergebnis der Faktorenanalyse an:

```
> Fakt.Ergebnis

Call:
factanal(x = Fakt.Daten, factors = 2, scores = "Bart-
lett", rotation = "varimax")

Uniquenesses:
 M1     M2     M3     M4     M5
```

1 www.faes.de -> Lexikon -> Multivariate Daten -> Multi. Analysemethoden -> Faktorenanalyse

2 www.faes.de -> Lexikon -> Multivariate Daten -> Multi. Analysemethoden -> Faktorenanalyse

```
0.041 0.248 0.005 0.005 0.054

Loadings:
 Factor1 Factor2
M1  0.891   0.407
M2  0.864
M3  0.950   0.305
M4  0.168   0.983
M5  0.160   0.959

                Factor1 Factor2
SS loadings       2.497   2.150
Proportion Var    0.499   0.430
Cumulative Var    0.499   0.929

Test of the hypothesis that 2 factors are sufficient.
The chi square statistic is 1 on 1 degree of freedom.
The p-value is 0.318
```

Die Hypothese der 2 Faktoren wird bestätigt (`Test of the hypothesis....`) und über die `Loadings` können wir erkennen, dass die Merkmale `M1` bis `M3` mehr oder weniger gut auf den 1. Faktor und die Merkmale `M4` und `M5` recht gut auf den 2. Faktor „hoch laden".

Die Interpretation der Faktoren erfordert natürlich Kenntnisse über das *Produkt*, das durch die Merkmale beschrieben wird. Die bisher betrachteten Merkmale wurden durch die Analyse auf 2 Faktoren und deren Ladung (`Loadings`) reduziert, aber zur Beurteilung des Einflusses der 2 Faktoren auf unser Produkt benötigen wird die Größe *Faktorenwert*.
Um die Faktorenwerte berechnen zu können, werden zuerst die Z-normierten Werte[1,2] ($Z_{m,n}$)des Beispieldatensatzes `Fakt.Beispiel` bzw. von `Fakt.-Daten` über...

$$Z_{m,n} = (x_{m,n} - \overline{x}_m) / s_m$$

$Z_{m,n}$ Z-Werte-Matrix
$x_{m,n}$: Matrixelement
$\overline{x}_m$: Spaltenmittelwert ($M_{1...5}$)
s_m : Standardabweichung ($M_{1...5}$)

ermittelt. Dieses werden wir nach obiger Formel, sicher nicht effizient aber effektiv, Schritt für Schritt erledigen und in der Z-Werte-Matrix ablegen:

```
>#  MW.m(m=1..5) = Mittelwerte der Spalten
>#  SD.m(m=1..5) = Standardabweichung
```

1 www.faes.de -> Lexikon -> Multivariate Daten -> Multi. Analysemethoden -> Faktorenanalyse (Formel F1)
2 www.faes.de -> Lexikon -> Z-Normierung

```
>#  MW.m- und SD.m-Berechnung:
> MW.1 <- mean(Fakt.Daten$M1);SD.1 <- sd(Fakt.Daten$M1)
>  :                   :          :             :
> MW.5 <- mean(Fakt.Daten$M5);SD.5 <- sd(Fakt.Daten$M5)

># Z-Vektoren berechnen:
> ZnormM1 <- (Fakt.Daten$M1-MW.1)/SD.1
>    :                :        :    :
> ZnormM5 <- (Fakt.Daten$M5-MW.5)/SD.5

># Matrix bilden:
> Z_Matrix <-
cbind(ZnormM1,ZnormM2,ZnormM3,ZnormM4,ZnormM5)
> Z_Matrix     # Mal anschauen...
        ZnormM1    ZnormM2    ZnormM3    ZnormM4
ZnormM5
[1,] -1.3762047 -1.3521680 -1.3363062 -1.4301939
-1.5430335
[2,] -0.5504819  0.9658343 -0.2672612 -0.9534626
-0.6172134
[3,]  1.1009638  0.5795006  0.8017837  0.0000000
-0.1543033
[4,]  1.1009638  0.9658343  1.3363062  0.4767313
0.3086067
[5,] -0.5504819 -0.9658343 -0.8017837  0.9534626
0.7715167
[6,]  0.2752409 -0.1931669  0.2672612  0.9534626
1.2344268
```

Nun liegt die Z-Matrix vor und die Berechnung der Faktorenwerte kann über die Formel...

$$P = Z * A(A^T * A)^{-1}$$

P: Faktorenwertmatrix
Z: Z-Wertematrix
A: Faktorenladungsmatrix
A^T: transponierte A-Matrix

erfolgen[1]. Aber vorher muss noch die Faktorenladung aus dem Objekt `Fakt.Ergebnis` extrahieren...

```
> A_Matrix <- Fakt.Ergebnis$loadings[1:5, 1:2]
> A_Matrix
     Factor1     Factor2
M1 0.8909020  0.40676494
M2 0.8643442 -0.06677328
M3 0.9499448  0.30460559
M4 0.1676159  0.98338886
M5 0.1599676  0.95924904
```

1 www.faes.de -> Lexikon -> Multivariate Daten -> Multi. Analysemethoden -> Faktorenanalyse (Formel F11)

... und gehen dann der Übersicht wegen, wieder Schritt für Schritt vor. Im 1. Schritt transponieren[1] wir die A_Matrix:

```
>#  Transponierte A_Matrix:
> At_Matrix <- t(A_Matrix)
```

Im 2. Schritt wird das Matrixprodukt (AAt_Matrix) aus der A_Matrix und der transponierten A-Matrix (At_Matrix) gebildet:

```
>#  Matrixproduktbildung:
> AAt_Matrix <- At_Matrix %*% A_Matrix

> AAt_Matrix              #Mal anschauen...
          Factor1   Factor2
Factor1 2.4968770 0.9123115
Factor2 0.9123115 2.1499133
```

Im 3. Schritt wird die berechnete AAt_Matrix invertiert und in A.inv abgelegt:

```
> A.inv <- solve(AAt_Matrix)

> A.inv         # Auch mal anschauen...
           Factor1    Factor2
Factor1  0.4739922 -0.2011376
Factor2 -0.2011376  0.5504874
```

Im letzten Schritt kann endlich die P-Matrix berechnet werden:

```
> P_Matrix <- Z_Matrix %*% (A_Matrix %*% A.inv)

> P_Matrix
        Factor1    Factor2
[1,] -1.2105271 -1.2366833
[2,]  0.3024096 -1.0118526
[3,]  0.9500040 -0.1680760
[4,]  1.2107641  0.2096070
[5,] -1.1111778  1.0641307
[6,] -0.1414727  1.1428742
```

Was sagen nun die Elemente der Faktorenwertmatrix P_Matrix aus? Zur praktischen Anschaulichkeit verbinden wir den Faktor 1 gedanklich mit dem Begriff *Qualität* und den Faktor 2 mit dem Begriff *Wirtschaftlichkeit*. Wird nun ein Produkt bezüglich eines Faktors negativ *bewertet*, wurde es im Vergleich zu den anderen Produkten unterdurchschnittlich bewertetet.
Für das Produkt A (Zeile [1,]) bedeutet dies, dass es bezüglich der Faktoren *Qualität* und *Wirtschaftlichkeit* sehr schlecht beurteilt wurde. Ein Faktorenwert um 0 bedeutet, dass die Beurteilung durchschnittlich ist. Sie vermuten richtig, positive Faktoren bedeuten eine positive Bewertung des Produk-

1 www.faes.de -> Mathematische Grundlagen -> Matrixtypen

tes. Z. B. für das Produkt F (Zeile `[6,]`) wird die Qualität ziemlich durchschnittlich gesehen, aber die Wirtschaftlichkeit wird überdurchschnittlich beurteilt.

Anschaulicher werden die Aussagen auf Basis der Faktorenwertmatrix `P_Matrix` vielleicht durch eine grafische Darstellung.
Bevor wir zur grafischen Darstellung schreiten, addieren wir zur P_Matrix aber noch eine *Label*-Spalte, um die Produkte direkt erkennen zu können:

```
> xy_Label <- c("A","B","C","D","E","F")

> P_Matrix <- cbind(P_Matrix,xy_Label)

> P_Matrix     #Matrix prüfen....
     Factor1              Factor2              xy_Label
[1,] "-1.21052712890763"  "-1.23668327616091"  "A"
[2,] "0.302409578509318"  "-1.01185264891591"  "B"
[3,] "0.950003964923112"  "-0.168075950521893" "C"
[4,] "1.21076411305869"   "0.209606980437198"  "D"
[5,] "-1.11117782151945"  "1.06413072744134"   "E"
[6,] "-0.141472706064039" "1.14287416772018"   "F"
```

Und nun zur grafischen Darstellung:

```
> plot(P_Matrix, main = "Faktorenanalyse", xlab = "Qua-
lität (Faktor 1)", ylab = "Wirtschaftl. (Faktor2)", tck
= 1, pch = xy_Label, cex=1.5)
```

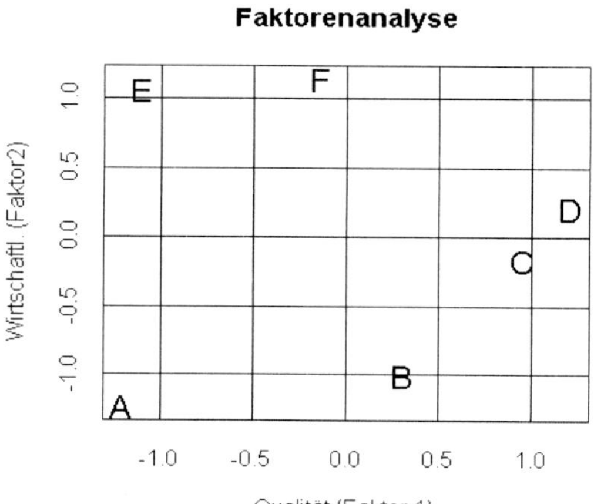

Abbildung 76: Ausgabe Faktorenanalyse

Die Produktbewertung wird über die Faktoren als x-y-Koordinaten ausgeben

und ist so sicherlich anschaulicher als eine Zahlenmatrix.
Erwähnenswert ist hier, dass das Argument `pch` mit der Spalte `xy_Label` versorgt wird und das Argument `cex` zur Label-Zeichengröße verwendet wird.

4 Programmieren in R

Bisher haben wir **R**, abgesehen von den kleinen Funktionen im Kapitel *3.1 Univariate Daten* (Schiefe und Wölbung), im Dialog verwendet. D. h., Sie haben *Fragen* durch Funktionsaufrufe an **R** gestellt und als *Antwort* wurde das jeweilige Funktionsergebnis ausgegeben.
Gerade im Kapitel *Faktorenanalyse* haben Sie festgestellt, dass dieses Frage und Antwortspiel recht mühselig sein kann. Deswegen wird es Zeit, in die Entwicklung eigener Funktionen einzusteigen.
Natürlich werden wir auch hier wieder mit kleinen Beispielen starten. Jedes relevante Beispiel werden Sie auch auf der Homepage http://www.r-statistik.de zum Download finden. Das Schnüren von Paketen aus den entwickelten Funktionen wird auf der Homepage ebenfalls dargelegt.

Die Beispiele werden wahlweise über die Konsole an die **R**-Umgebung oder mit Hilfe eines Editors (*Notepad, jEdit, WinEdt, UEDIT32*) *übergeben*. Die Verwendung eines Editors ist für größere Projekte sicher hilfreich.

4.1 Funktionen

R ist eine funktionale Sprache. Auf den vorangegangenen Seiten dieser Einführung wurden Sie immer wieder darauf hingewiesen. Auch die Addition zweier Skalare wird durch die Funktion + bewerkstelligt:

```
># Die bekannte Möglichkeit:
> 2 + 8
[1] 10

># Der ungewöhnliche Weg:
> "+"(2 + 8)
[1] 10
```

Das auch bestimmte Regeln zum Funktionsaufruf zu beachten sind, haben Sie gelernt. Deren Berücksichtigung wird in diesem Kapitel verfestigt.

Eigene Funktionen zu schreiben macht dann Sinn, wenn Sie schon

- vorhandene **R**-Funktionen zusammen ausführen möchten,
- die Ein- oder Ausgabe Ihren Bedürfnissen anpassen möchten oder schlicht,
- wenn die benötigte Funktion im **R**-Umfang nicht vorhanden ist.

Das Schreiben eigener Funktionen geschieht immer in dem folgenden gezeigten Rahmen und wird eingeleitet durch die Funktion `function()`:

```
EigeneFunktion <- function(Argumente) {
        # Funktionsinhalt (...Funktionen...)
}
```

Der Funktionsinhalt – das Programm - befindet sich zwischen den beiden `{}`-Klammern. Das/die Argument(e) werden als Objekte an die Funktion übergebenen, wie z. B. beim Funktionsaufruf `mean(Datenvektor)` die „Daten“ als Datenvektor zur Berechnung des Mittelwerts.
Hier sei auch darauf hingewiesen, auch wenn ich davon ausgehen kann, dass es Ihnen schon aufgefallen ist, dass oft mit dem Funktionsaufruf weitere Argumente übergeben werden können. Häufig ist dies nicht ein Muss, sondern dient zur *inneren* Steuerung der Funktion.
Als Beispiel soll hier auch wieder die Mittelwertberechnung dienen und zwar zur Behandlung von fehlenden Werten, siehe Kapitel *3.1.1 Exkurs fehlende Werte*. Soll also das Fehlen von Werten berücksichtigt werden, muss der Funktion `mean()` neben unserem Datenvektor auch das *Behandlungs*-Argument, `na.rm = T`, mitgegeben werden: `mean(Datenvektor, na.rm = T)`. `T` steht für `TRUE` und kann auch als `T` abgekürzt übergebenen werden. Auch kann `na.rm =` mit `na =` gekürzt werden, solange die Interpretierbarkeit gewährleistet ist. Die Funktion `mean()` erwartet immer eine *Behandlungsanweisung* für fehlende Werte, um aber den Anwender nicht zur Angabe zu zwingen, ist die Funktion intern mit `na.rm = FALSE` vorbelegt.
Diese Vorgehensweise trifft für viele Funktionen zu und sollte auch, wenn sinnvoll, in ihren eigenen Funktionen berücksichtigt werden.
Aber soweit so gut, steigen wir in die Entwicklung eigener Funktionen ein!

4.1.1 Beispiel Z-Normierung

Dieses Kapitel könnte auch einfach nur *Beispiel 1* heißen, da es hier im Wesentlichen um das Vorstellen von Konzepten geht. Die Z-Normierung[1] aus dem Kapitel *3.3.2 Faktorenanalyse* bietet sich als Beispiel an, da in diesem Kapitel doch die manuelle Berechnung nicht unerheblich war. Das Beispiel Z-Normierung wird schrittweise entwickelt und erläutert.

Damit Sie nicht blättern müssen, hier die Formel zur Z-Normierung:

$$Z_{m,n} = (x_{m,n} - \bar{x}_m) / s_m \qquad Z_{m,n} \text{ Z-Werte-Matrix}$$

1 www.faes.de -> Lexikon -> Z-Normierung

$x_{m,n}$: Matrixelement
$\bar{x}_m$: Spaltenmittelwert ($M_{1...5}$)
s_m : Standardabweichung ($M_{1...5}$)

Und unser Beispieldatensatz ist auch wieder der Datensatz `Faktorenanalyse.csv`, den wir über folgende Anweisung in die **R**-Umgebung laden...

```
> Fakt.Beispiel <- read.csv2("Faktorenanalyse.csv")
```

... und los geht es:

Im 1. Schritt definieren wir die Funktion `znorm()` und „schneiden" die Spalte `x` mit den Produktbezeichnungen aus der Matrix `Fakt.Beispiel` raus. Dann werden die Mittelwerte der Merkmalausprägungen `M1` bis M5 berechnet und geben diese aus:

```
># Funktion znorm:
> znorm <- function(x) {
+    # Spalte ausschneiden und Ergebnis in einer neuen
+    # Matrix speichern:
+    Fakt.Daten <- subset(x, select = -1)
+    # Dimension der Matrix Fakt.Daten ermitteln:
+    dim_Matrix <- dim(Fakt.Daten)
+    #Anzahl Spalten der Matrix Fakt.Daten:
+    dim_n <- dim_Matrix[c(2)]
+    #Mittelwerte in einer for-Schleife berechnen:
+    for(i in 1:dim_n) {
+       #Mittelwert:
+       mw <- mean(Fakt.Daten[,i])
+       print(mw)
+    } # Ende for-Schleife
+ } # Ende der Funktion
```

Was passiert nun in der Funktion `znorm()` im Einzelnen? Das `x`-Argument in `function(x)` ist ein Platzhalter für das Übergabeobjekt Datensatz `Fakt.Beispiel`. Aus diesem Datensatz wird durch `subset(x, select = -1)` die 1. Spalte *nicht* mit in den Datensatz `Fakt.Daten` abgespeichert. Das Objekt `Fakt.Daten` ist eine *funktionsinterne* Variable (Objekt), d. h., sie ist außerhalb der Funktion nicht sichtbar.
Um die richtige Anzahl der Mittelwertberechnungen durchzuführen, muss die Anzahl der Datensatzspalten bekannt sein. Die Dimension des Datensatzes wird über die Funktion `dim(Fakt.Daten)` ermittelt und in `dim_Matrix` (auch *nur* ein internes Objekt) abgelegt. Die Spaltenzahl wird schließlich mit `dim_Matrix[c(2)]` ausgelesen und in `dim_n` abgelegt.
Nun kennen wir die Anzahl der Spalten (`dim_n`), also die Anzahl der nötigen Mittelwertberechnungen und können die Berechnungen über die for()-Schleife dementsprechend oft durchführen.

Für diejenigen unter Ihnen, die mit dem Begriff *Schleife* noch nichts anfangen können, eine kurze Erklärung: Programm*schleifen* dienen zur wiederholten Ausführung eines bestimmten Programmabschnittes. In unserem konkreten Beispiel müssten ohne Schleife 5 Zeilen zur Mittelwertberechnung in unsere Funktion eingefügt werden. Durch die for-Schleife ist nur eine Zeile zur Mittelwertberechnung notwendig, nur dass dieses 5-mal durchlaufen wird.
Die for-Schleife ist wie folgt aufgebaut:

> for(*Zähler* in *von*:*bis*) {
> }
>
> *Zähler* ist eine Variable zur *internen* Verwendung, in diesem Falle ist der Zähler *i*.
> *von* ist der Startpunkt und *bis* der Endpunkt, in diesem Falle wird die Schleife von *1* bis *dim_n* durchlaufen.
>
> Alles was in der Schleife erfolgen soll, wird durch geschweifte Klammern (*{ }*) eingeschlossen, in diesem Fall die Mittelwertberechnung.

Wir wissen nun, dass die Mittelwertberechnung durch die Funktion `mean(Fakt.Daten[,i])` über den Zähler `i` spaltenweise erfolgt. Da wir neugierig sind, möchten wir die berechneten Mittelwerte auf der Konsole anzeigen. Das erreichen wir über die Funktion `print(mw)`, wobei `mw` als Variable für den Mittelwert steht.

An dieser Stelle einen Hinweis zur Programmierpraxis: Die bisherige Funktion `znorm()` haben wir einfach mal aus dem Ärmel geschüttelt, nur ist das sicher nicht der richtige Entwicklungsstil! Machen Sie sich immer vorher Gedanken, was Sie erreichen wollen.
Dabei kann ein Flussdiagramm, wie in Abbildung 77 dargestellt, sehr hilfreich sein!

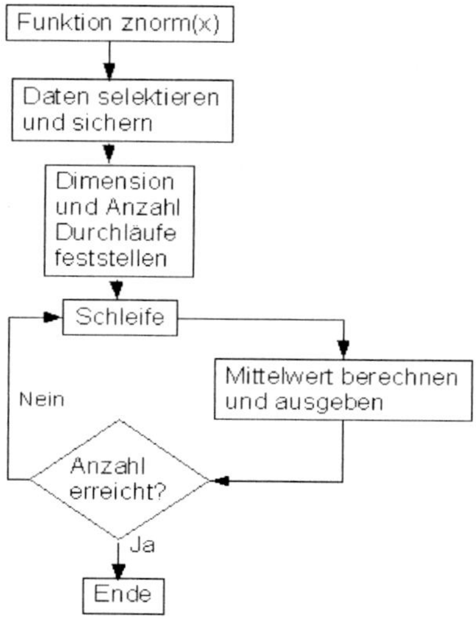

Abbildung 77: Programmierstil, Flussdiagramm

Entwickeln Sie Ihre Funktion am besten in kleinen Abschnitten. Diese sind leichter zu überprüfen. Seien Sie nicht sparsam mit Kommentaren!

Prüfen wir, ob unsere neue Funktion `znorm()` bisher das macht, was wir erwarten:

```
> znorm(Fakt.Beispiel)
[1] 3.666667                          # 1. Mittelwert
[1] 4.5                               # 2. Mittelwert
[1] 4.5                               # 3. Mittelwert
[1] 5                                 # 4. Mittelwert
[1] 6.333333                          # 5. Mittelwert
```

Die berechneten Mittelwerte sind korrekt, also befinden wir uns auf dem richtigen Weg. Kommen wir nun zum 2. Schritt, dem Einfügen der Berechnung der Standardabweichung.

Um die Funktion `znorm()` ergänzen zu können, muss sie uns wieder zur Bearbeitung zur Verfügung stehen. Dies wird über die Funktion `edit()` erreicht:

```
> znorm = edit(znorm)
```

Nach dem Funktionsaufruf mit `Enter` wird Ihnen über den **R**-Standardeditor die Funktion `znorm()` zur Bearbeitung angeboten:

znorm - R Editor

```
function(x) {
     # Spalte ausschneiden und Ergebnis in einer neuen
     # Matrix speichern:
     Fakt.Daten <- subset(x, select = -1)
     # Dimension der Matrix Fakt.Daten ermitteln:
     dim_Matrix <- dim(Fakt.Daten)
     #Anzahl Spalten der Matrix Fakt.Daten:
     dim_n <- dim_Matrix[c(2)]
     #Mittelwerte in einer for-Schleife berechnen:
     for(i in 1:dim_n) {
        #Mittelwert:
        mw <- mean(Fakt.Daten[,i])
        print(mw)
     } # Ende for-Schleife
} # Ende der Funktion
```

Abbildung 78: Funktionsbearbeitung, R-Editor

Die Berechnung der Standardabweichung und deren Ausgabe kann einfach über den **R**-Editor eingefügt werden...

```
#Kennwerte in einer for-Schleife berechnen:
for(i in 1:dim_n)  {
    mw <- mean(Fakt.Daten[,1])  #Mittelwert
    s <- sd(Fakt.Daten[,1])     #Standardabweichung
    print(mw)
    print(s)
} # Ende for-Schleife
```

... und wenn Sie den Editor schließen, werden Sie gefragt, ob Sie die Änderung (Abb. 79) speichern möchten.

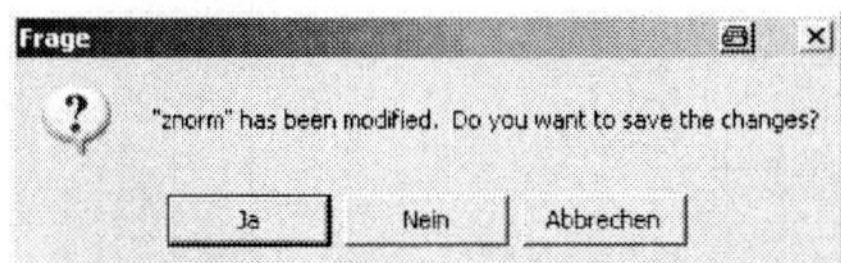

Abbildung 79: Funktionsbearbeitung, R-Editor schließen

Bestätigen Sie die **Ja**-Schaltfläche und rufen Sie die Funktion mit dem Beispieldatensatz zur „Erfolgskontrolle“ auf:

```
> znorm(Fakt.Beispiel)
[1] 3.666667
[1] 1.211060
[1] 4.5
[1] 2.588436
```

```
[1] 4.5
[1] 1.870829
[1] 5
[1] 2.097618
[1] 6.333333
[1] 2.160247
```

Die Ausgabe sieht nicht prickelnd aus! Es ist dringend angebracht, für eine klar deutbare Ausgabe zu sorgen. Hier kann die Ausgabefunktion `cat()` (Concatenate and Print) weiterhelfen:

> cat(Argument 1,..., Argument n, "\n")
>
> Argumente können Variablen oder Zeichenketten sein. Die Zeichenfolge "\n" sorgt für einen Zeilenumbruch.

Bauen wir die Funktion `znorm()` unter Einbeziehung von `cat()` im 3. Schritt um (Nur zur Erinnerung: `znorm = edit(znorm)`):

```
#Kennwerte in einer for-Schleife berechnen:
for(i in 1:dim_n)  {
    mw <- mean(Fakt.Daten[,1])  #Mittelwert
    s <- sd(Fakt.Daten[,1])     #Standardabweichung
    #Ausgabe:
    cat("Mittelwert M",i, ":",mw,"Standardabw.:"
,s,"\n")
} # Ende for-Schleife
```

Speichern Sie diese Änderung und rufen die Funktion mit dem Datensatz erneut auf:

```
> znorm(Fakt.Beispiel)
Mittelwert M 1 : 3.666667  Standardabw.: 1.211060
Mittelwert M 2 : 4.5  Standardabw.: 2.588436
Mittelwert M 3 : 4.5  Standardabw.: 1.870829
Mittelwert M 4 : 5  Standardabw.: 2.097618
Mittelwert M 5 : 6.333333  Standardabw.: 2.160247
```

Die obige Ausgabe sieht schon ein wenig übersichtlicher aus, aber der „Flatterrand“ ist störend! Über die Formatierung der Nachkommastellen mit der Formatierfunktion `format()` schaffen wir Ordnung:

> format(*Objekt*, digits = n, nsmall = n,...)

Die Funktion `format()` verfügt über eine Reihe von Argumenten. Besonders werden hier die Argumente `digits` für die Anzahl *signifikanter* Nachkommastellen und `nsmall` für die *minimale* Anzahl *signifikanter* Nachkommastellen erwähnt.
Durch den Einbau der Funktion `format()` in unsere Funktion `znorm()` möchten wir erreichen, dass z. B. der Mittelwert M4 nicht mit `5`, sondern

mit `5,00` und der Mittelwert M1 nicht mit `3.666667`, sondern mit `3.67` ausgegeben wird. Da es sich hier nur um eine formatierte Darstellung handelt, bleibt der Inhalt der Variablen unberührt!

Ergänzen Sie also die `cat()`-Funktion um die `format()`-Funktion wie folgt:

```
cat("Mittelwert M",i, ":",format(mw,digits=2,nsmall=2),
"Standardabw.:",format(s,digits=3,nsmall=3),"\n")
```

Nun ist es Zeit unsere Funktion `znorm()` zu kontrollieren:

```
> znorm(Fakt.Beispiel)
Mittelwert M 1 : 3.67  Standardabw.: 1.211
Mittelwert M 2 : 4.50  Standardabw.: 2.588
Mittelwert M 3 : 4.50  Standardabw.: 1.871
Mittelwert M 4 : 5.00  Standardabw.: 2.098
Mittelwert M 5 : 6.33  Standardabw.: 2.160
```

Mit der formatierten Mittelwert- und Standardabweichungs-Ausgabe können wir recht zufrieden sein.

Im 4. Schritt wird die Z-Werte-Matrix berechnet. Die Z-Werte-Matrix muss natürlich in einem Objekt abgelegt werden. Dazu wird ein 2-dimensonales Array angelegt. Aus Programmoptimierungsgründen wird das Array auch schon in der zu erwartenden Größe initialisiert:

```
#Variablenindizierung:
Z_Matrix <- array(0, dim_Matrix)
```

Was wir aber nicht mehr benötigen, ist die Ausgabe der Mittelwerte und der Standardabweichung. Die Richtigkeit haben wir zur Genüge geprüft.

```
#Ausgabe... der Rest wird gespart...
#cat(...der Rest wird gespart...
```

Nun erfolgt endlich die Berechnung der Z-Werte-Matrix...

```
#Z-Werte berechnen:
Z_Matrix[,1] <- (Fakt.Daten[,1] - mw / s
```

... und die Rückgabe des Ergebnisses durch die Funktion `return()`:

```
return(Z_Matrix)
```

Nachdem Sie die Ergänzungen und Änderungen (`znorm = edit(znorm)`) durchgeführt haben, rufen Sie die Funktion zum Test auf:

```
> znorm(Fakt.Beispiel)
           [,1]       [,2]       [,3]       [,4]       [,5]
[1,] -1.3762047 -1.3521680 -1.3363062 -1.4301939 -1.5430335
```

```
[2,] -0.5504819  0.9658343 -0.2672612 -0.9534626 -0.6172134
[3,]  1.1009638  0.5795006  0.8017837  0.0000000 -0.1543033
[4,]  1.1009638  0.9658343  1.3363062  0.4767313  0.3086067
[5,] -0.5504819 -0.9658343 -0.8017837  0.9534626  0.7715167
[6,]  0.2752409 -0.1931669  0.2672612  0.9534626  1.2344268
```

Das Ergebnis entspricht unserer Erwartung und wenn Sie bedenken, dass diese Funktion `znorm()` zurzeit immer eine Labelspalte (die Spalte mit den Produktbezeichnungen) erwartet, ist sie auch allgemein verwendbar. Mit der Labelspalte werden wir uns später beschäftigen und durch die Verwendung von Argumenten lösen.

Um die Funktion nicht nur in dieser aktuellen **R**-Sitzung verwenden zu können, muss sie gespeichert werden. Dazu dient die Funktion `dump()`:

dump(*Objekt*, file = „Name.R“)

Objekt ist ein Vektor, der die Bezeichnung der Funktion(en) enthält. In diesem Fall, wollen nur unsere Funktion `znorm()` speichern. Aber es ist klar, dass der Vektor, hier `Meine_Funktionen`, natürlich mehrere Funktionen aufnehmen kann:

```
> Meine_Funktionen <- c("znorm")
```

Die Datei (`file`), in der unsere Funktion(en) gespeichert werden soll, nennen wir auch beispielhaft `Meine_Funktionen.R` mit der Dateiendung `R`. Um nicht das Verzeichnis mit angeben zu müssen, sollten Sie über das Menü **Datei -> Verzeichnis wechseln...** in das gewünschte Verzeichnis *Eigene_Funktionen* wechseln. Jetzt wird es ernst, wir speichern die Funktion...

```
> dump(Meine_Funktionen, file = "Meine_Funktionen.R")
```

... und finden sie auch im richtigen Verzeichnis:

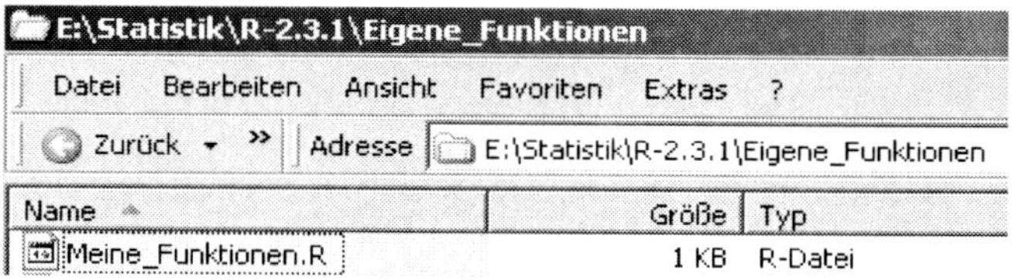

Abbildung 80: Funktion speichern, Verzeichnis

Wie können wir nun unsere Funktion(en) nach dem **R**-Start in unsere **R**-Umgebung laden? Eine Möglichkeit ist die Funktion `source()`:

```
> source("Meine_Funktionen.R")
```

Da kein Verzeichnis angegeben wurde, funktioniert dieser Aufruf nur dann, wenn vorher über das Menü das Verzeichnis eingestellt wurde.

Eine elegantere Möglichkeit bietet allerdings das **R**-Menü über **Datei -> Lade R Code ein...** an:

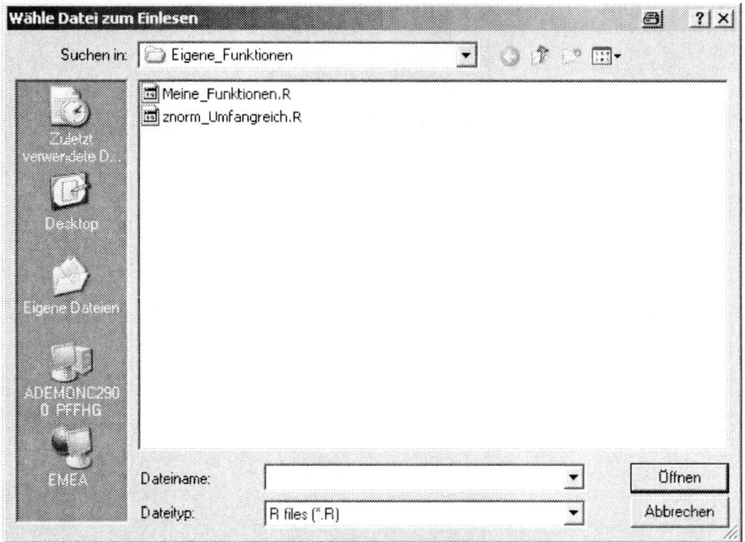

Abbildung 81: Funktionen laden: R-Code auswählen

Nachdem Sie die Datei `Meine_Funktionen.R` geladen haben, können Sie den Inhalt der **R**-Umgebung über die Funktion ls() prüfen. Die Funktion `znorm` sollte Ihnen angezeigt werden.

Wie oben schon angekündigt, werden wir uns mit der Funktion `znorm()` noch weiter beschäftigen. Aber bevor es soweit ist, müssen noch einige Exkurse eingeschoben werden.

4.1.2 Exkurs Skript

Im obigen Kapitel *4.1.1 Beispiel Z-Normierung* starteten wir mit dem Schreiben der Funktion `znorm()` über die Konsole. Dies ist sicher kein effektiver und effizienter Weg um Funktionen zu schreiben. Auch ist es schwierig einen doch erforderlichen Programmierstil (Kapitel *4.1.3*) über die Konsole einzuhalten.

Hier hilft uns der **R**-Script-Editor weiter. Den Skript-Editor rufen Sie über das Menü **Datei -> Neues Skript** oder **Datei -> Öffne Skript...**auf. Im ersten Fall, **Neues Skript**, wird Ihnen ein leeres Editor-Fenster zur Eingabe angeboten:

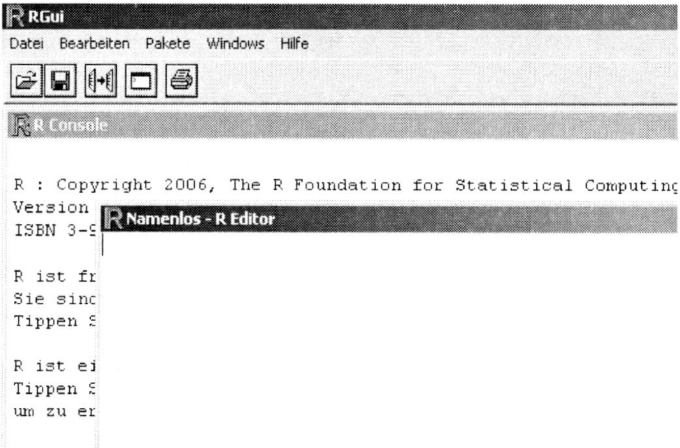

Abbildung 82: R-Editor, neues Skript

Sie stellen sich vielleicht die Frage „Wie fange ich nun an, wie sind die Regeln?“ Aber bevor diese Frage beantwortet wird, möchte ich zuerst Ihre Aufmerksamkeit auf die dem Editor angepasste Menü-Leiste der **R**-Gui lenken! Hier finden Sie die gewohnten Editor-Menü-Funktionen unter dem Menü-Punkt **Bearbeiten** (Abb. 82).

Kommen wir zur Wie-fange-ich-an-Frage zurück! Diese Frage beantworten wir, indem wir die Beispiel-Datei `Meine_Funktionen.R` mit dem Skript-Editor über das Menü **Datei -> Öffne Skript...** öffnen. Wie gewohnt, wird Ihnen ein Selektionsfenster angezeigt. Nach der Auswahl der gewünschten Datei wird Ihnen der *Inhalt* in einem neuen Editor-Fenster zur Bearbeitung angeboten (Abb. 83):

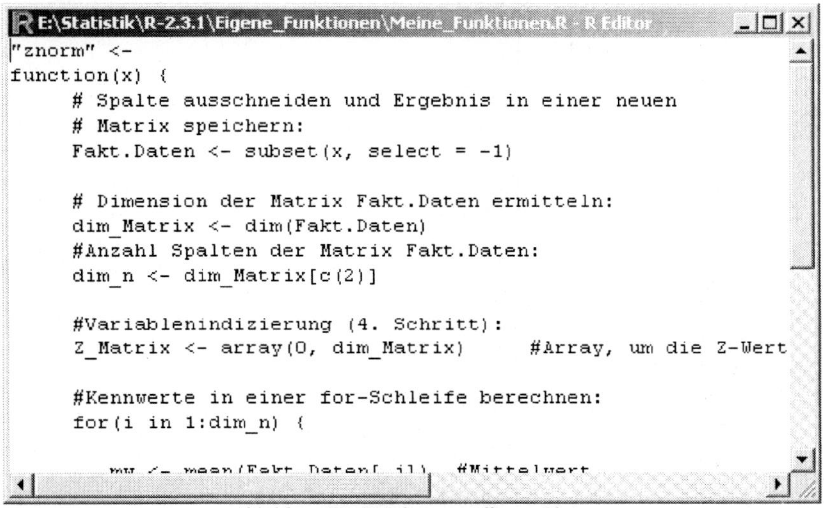

Abbildung 83: R-Editor, geöffnetes Skript

Damit erkennen Sie schon die *kleine* Abweichung in der Funktionsdefinition: Über die Konsole starten wir mit `znorm <- function(x)` und über den Script-Editor mit `"znorm" <- function(x) {` ! Das bedeutet, Sie müssen nur die Funktionsbezeichnung in Anführungszeichen setzen und schon können Sie, wie im vorangegangenen Kapitel gezeigt, Ihre Funktion programmieren.

Um das Prinzip zu verdeutlichen, kopieren wir die Funktion `znorm()` im Editor (siehe Menü **Bearbeiten**) und fügen Sie als *neue* Funktion `znorm_copy()` am Ende der Datei `Meine_Funktionen.R` ein (Abb. 84):

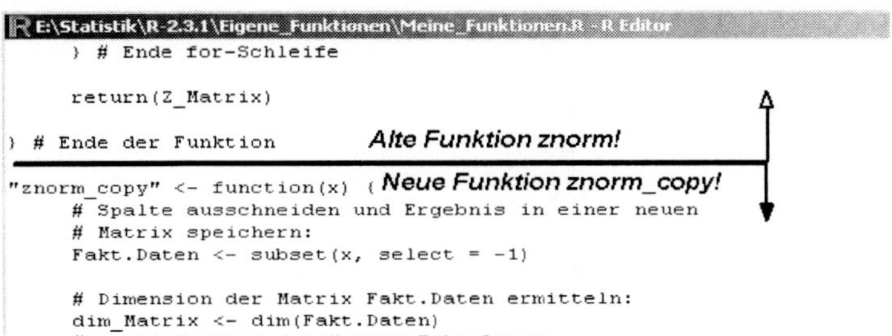

Abbildung 84: R-Editor, Funktionen bearbeiten

Nach dem Anhängen der neuen Funktion `znorm_cpoy()` sollte die Datei `Meine_Funktionen.R` zur weiteren Nutzung gespeichert werden. Wenn Sie die Datei über das Menü **Datei -> Lese R Code ein...** in die **R**-Umgebung wieder einladen, stehen Ihnen beide Funktionen `znorm()` und `znorm_copy()` zur Z-Werte-Matrix -Berechnung zur Verfügung.

Nun geht kein Weg mehr daran vorbei, wir müssen uns mit den Regeln zum guten Programmierstil auseinander setzen! Also auf, zum nächsten Kapitel!

4.1.3 Exkurs Programmierstil

Wie schon oft erwähnt, zum Schreiben von Funktionen ist ein guter Programmierstil erforderlich.

Ohne dass wir schon geklärt haben, was das bedeutet, könnten Sie jetzt vielleicht denken „Die Funktion habe ich programmiert und ich weiß immer, auch in einem Jahr noch, was und wie sie *es* (*es* bedeutet hier das Ergebnis liefern) macht! Also, warum sollte ich mich mit diesem Thema auseinander setzen?“ Aus eigener Erfahrung kann ich Ihnen sagen, dass Sie sich darin täuschen und dieses Thema wenigstens überfliegen sollten!

Über dass, was ein guter Programmierstil ist, gibt es sicher unterschiedliche Meinungen. Ich denke, Sie sollten aber folgende Punkte beim Schreiben eigener Funktionen berücksichtigen:

- **Verständlichkeit**

  Kommentieren Sie Ihre Funktion aus! Das bedeutet, dass Sie mit klaren und verständlichen Kommentaren *nicht* geizen sollen. Teilen Sie die Funktion in Abschnitte ein und leiten diese Abschnitte durch Kommentarzeilen ein, z. B. wie folgt:

  ```
  # Variablen-Indizierung:
  # Berechnung von.....
  # Schleife zur ......
  # Ergebnisrückgabe...
  ```

  Verwenden Sie verständliche Variablenbezeichnungen oder versehen Sie diese im Indizierungsbereich mit einem verständlichen Kommentar!

- **Lesbarkeit**

Lesbarkeit bedeutet hier, dass der Funktionscode mit dem Auge erfassbar sein soll. Das ist nur möglich, wenn Sie *nicht* versuchen, möglichst viel Code in möglichst wenige Zeilen unterzubringen! Verwenden Sie einen Schrifttyp mit fester Schriftbreite, wie z. B. `Courier New`, so dass Sie strukturierte Codeblöcke schreiben können (Abb. 85)!

```
#Kennwerte in einer for-Schleife berechnen:
for(i in 1:dim_n) {

   mw <- mean(Fakt.Daten[,i])  #Mittelwert
   s <- sd(Fakt.Daten[,i])     #Standardabweichung

   #Ausgabe Mittelwert und Standardabweichung:
   cat("Mittelwert M",i, ":",format(mw ,digits=2,nsmall=2)," Ste

   #Z-Werte berechnen:
   Z_Matrix[,i] <- (Fakt.Daten[,i] - mw) / s

} # Ende for-Schleife
```

Abbildung 85: Code-Lesbarkeit, Struktur

- **Allgemeingültigkeit**

Allgemeingültigkeit bedeutet, dass die Funktion nicht nur die gerade erforderliche Aufgabe erfüllt, sondern diese *grundsätzlich* erfüllt!
Das der an die Funktion übergebene Datensatz eine bestimmte Struktur einhalten muss, ist verständlich. Aber die bisherige Vorgehensweise für unsere Beispielfunktion `znorm()` widerspricht der Grundsätzlichkeit! Es wird, ohne vom Anwender kontrollierbar, als erste Anweisung in der Funktion eine Spalte aus dem Datensatz entfernt (Abb. 86):

```
# Spalte ausschneiden und Ergebnis in einer neuen
# Matrix speichern:
Fakt.Daten <- subset(x, select = -1)
```

Abbildung 86: Funktionen, Allgemeingültigkeit

Ein weiteres Beispiel, das der Allgemeingültigkeit wiederspricht, ist die Vorgabe von z. B. Schleifenparametern. Optimal für eine for-Schleife ist folgende Vorgehensweise:

```
> for(i in Start:Ende)
```

Die Schleifenparameter `Start` und `Ende` können in der Funktion initialisiert und idealerweise über Argumente mit dem Funktionsaufruf *versorgt* werden.

Schlechter Stil ist eine derartige Vorgabe in der Funktion:

```
> for(i in 1:10)
```

Obige Beispiele machen sicher die Idee der Allgemeingültigkeit deutlich.

- **Optimierung durch Stil**

  Wie schon erwähnt, ist **R** eine Interpretersprache. Dadurch könnte es bei rechenintensiven Auswertungen zu zeitlichen Problemen kommen. Hinzu kommt, dass Sie durch einen „nicht optimalen" Stil das Problem verschärfen können!
  Um optimalen Programmcode zu schreiben, sollten Sie,

  ✔ wenn möglich, Variablen die bezüglich ihrer Größe in Schleifen wachsen können, schon *vor* der Verwendung in der Schleife in der erwarteten Dimension initialisieren, wie z. B.:

  ```
  ># Das Array wird komplett angelegt und
  ># mit 0 vorbelegt:
  > Z_array <- array(0, dim_array)

  >#Der Vektor wird angelegt und mit
  ># mit n * 0 vorbelegt:
  > a <- numeric(n)
  ```

  ✔ nur die nötigen Berechnungen innerhalb einer Schleife durchführen und

  ✔ über die Verwendung von Schleifen nachdenken, da diese durch die Vektororientiertheit vermeidbar sind (siehe `apply()/sapply()`und `%*%`(Matrizenmultiplikation)).

- **Kür**

  Die Kür des Programmierstils, gerade für Funktionen, wenn Sie diese außerhalb von Paketen weitergeben möchten, ist ein Funktionskopf mit Angaben zur Funktion und zu Ihrer Person (Abb. 87):

```
"znorm" <-
function(x) {
      #-------------------------------------------------
      # Funktion znorm zur Berechnung der Z-normierten
      # Daten
      # Siehe: www.faes.de -> Lexikon -> Z-Normierung
      #
      # Entwickelt durch: G. Faes
      # E-Mail: guenter@faes.de
      # Datum: 10.10.2006     Version: 1.0
      #-------------------------------------------------

      # Spalte ausschneiden und Ergebnis in einer neuen
```

Abbildung 87: Programmierstil-Kür: Funktionskopf

Damit geben Sie dem etwaigen Nutzer die Möglichkeit mit Ihnen bei Fragen oder zur Diskussion in Kontakt zu treten.

Denken Sie auch an eine Versionierung der Funktion! Dieser Hinweis hört sich banal an, aber gerade wenn Sie Datensicherung betreiben, bleibt es nicht aus, dass Sie irgendwo auf Ihrem Rechner oder Server mehrere Versionen Ihrer Funktion finden. Ohne Versionierung werden Sie sich die Frage stellen „Ist das nun die letzte oder die vorletzte Version?“

4.1.4 Exkurs Schleifen

Schleifen dienen zur Steuerung des Programmablaufes als Möglichkeit um gleichartige, sich wiederholende Berechnungen durchführen zu können.

Eine Schleifen-Variante, die for-Schleife, haben Sie schon im Kapitel *4.1.1 Beispiel Z-Normierung* kennen gelernt, gleichwohl wird sie hier der Vollständigkeit wegen noch mit aufgeführt.

R kennt 3 Schleifen-Varianten (Tabelle 8):

Vari-ante	Untervariante	Beispiel	Kommentar

for	for (i in Start:Ende)	Start <- 1
		Ende <- 10
		resultat <- numeric(Ende)
		
		for (i in Start:Ende) {
		resultat[i] <- i
		print(resultat)
		}
			Variablen vorbelegen!
			
			Durchlaufe von 1 bis 10
			Ordne resultat i zu
			und gebe resultat aus.

for	for (i in Vek-tor)	a <- c("x1", "x2", "x3", "x4", "x5", "x6")
		for (i in a) {
		print(i)
		}
			Der Vektor a wird mit x1 bis x6 vorbelegt.
			Über die Anzahl der Elemente im Vektors a läuft die Schleife und Ausgabe der Vektorelemente.

for	for (i in seq (along = a))	a <- c("x1", "x2", "x3", "x4", "x5", "x6")
		for (i in seq(along = a)) {
		print(a[i])
		}
			Der Vektor a wird mit x1 bis x6 vorbelegt.
			Ähnlich dem obigen Beispiel mit dem Unterschied, dass i zum Laufindex über seq mit dem Argument along, der die Länge des Vektors a ermittelt, gemacht wird.

repeat	break	repeat{
		i <- i + 1
		if (i == 5) break
		}
		print(i)
			Die repeat-Schleife wird solange durchlaufen, bis die if-Bedingung eintrifft, weil dann mit break die repeat-Schleife verlassen wird. Dann wird mit print(i) der Inhalt von i ausgegeben.

repeat	next / break	repeat{
		i <- i + 1
		if (i < 5) next
		cat("i ist nun gleich 5!", "\n")
		if (i == 5) break
		}
			Ähnlich dem obigen Beispiel, nur das i ausgegeben wird wenn i = 5 ist, sonst wird zum Anfang der Schleife gesprungen!

while		while(i < 5) {
		i <- i + 1
		print(i)
		}
		cat("while-Schleife verlassen!", "\n")
			Hier ist die Bedingung, z. B. i < 5, Bestandteil der while-Schleife!

Tabelle 8: Übersicht der Programmschleifen

Mit dem Beispiel der repeat-Schleife wird die if-Bedingung eingeführt (Tabelle 8). Das ist ein Vorgriff auf das folgende Kapitel. Die Einführung ist aber aus inhaltlichen Gründen erforderlich.

Anhand obiger Tabelle *Übersicht der Programmschleifen*, können Sie sicher die für Ihr Problem günstige Schleifen-Variante bestimmen. Auf der Homepage http://www.r-statistik.de finden Sie den **R**-Code `Schleifendemo.R` mit der Schleifen-Demo-Funktion `schleifen_demo()`. Diese Funktion beinhaltet die Beispiele aus obiger Tabelle.

4.1.5 Beispiel Z-Normierung *II*

Die von uns entwickelte Funktion `znorm()` zeigt noch einen gravierenden Nachteil, nämlich dass der an die Funktion übergebene Datensatz immer als 1. Spalte eine Labelspalte beinhaltet muss. Dies ist nicht nur ein Widerspruch zur Allgemeingültigkeitsregel aus dem Kapitel *4.1.3 Exkurs Programmierstil*, sondern auch lästig daran zu denken, dass der Datensatz immer so aufgebaut sein muss.
Auch sollten wir uns eine Strategie überlegen, wie mit fehlenden Werten (`NA`'s) umzugehen ist.
In diesem Kapitel werden wir die Funktion `znorm()` so modifizieren, dass über Argumente angeben werden kann, ob im Datensatz zur Z-Normierung eine Labelspalte vorhanden ist und ob fehlende Werte berücksichtigt werden müssen.

Zur Labelspaltenbehandlung wird das Argument `labelsp` von uns angelegt. Fehlende Werte werden über das schon bekannte Argument `na.rm` berücksichtigt:

```
znorm <- function(x, labelsp = FALSE, na.rm = FALSE)
```

Die Argumente werden mit `FALSE` initialisiert, da standardmäßig davon ausgegangen wird, dass der Datensatz *ohne* Labelspalte und *ohne* fehlende Werte übergeben wird.
In der Funktion muss nun über `if`-Bedingungen geprüft werden, ob die Argumente `labelsp` und `na.rm` auf `TRUE` (Labelspalte vorhanden) gesetzt wurden und wenn ja, wie dann weiter verfahren werden soll.
Sollten Sie Erfahrung mit anderen Programmiersprachen, wie z. B. einem Basic-Dialekt haben, kennen Sie sicher das Prüfen auf Bedingungen mit *if -> then -> else* (wenn -> dann -> sonst). Wenn nicht, ist es kein Beinbruch, denn das Konzept ist leicht verständlich! Mit *if* wird geprüft, ob eine *Bedingung zutrifft*, z. B. ob 5 > 3 ist. Wenn ja, werden die Anweisungen, die dem Schlüsselwort *then* folgen, ausgeführt. Hier schon der Hinweis, dass in der

R-Umgebung auf das Schlüsselwort *then* verzichtet wird, da es vom Kontext her vorhanden sein muss! Oft reichen zur Bedingungsprüfung schon die beiden Schlüsselwörter *if* und *then* aus.
Möchten Sie aber *genau in dem Fall*, wenn die *if*-Bedingung *nicht zutrifft*, bestimmte Anweisungen (Funktionen aufrufen) durchführen, hilft hier das *else* Schlüsselwort weiter. Dann werden die Anweisungen, die dem *else*-Schlüsselwort folgen, ausgeführt.

Für unsere Beispielfunktion `znorm()` sieht die Bedingungsprüfung für die Labelspalte in ihren Grundzügen wie folgt aus:

```
if (labelsp == TRUE) {
       Fakt.Daten <- subset(x, select = -1)
       ....
} else {
       # Es liegt keine Labelspalte vor.....
       ...
}
```

Wird die Funktion `znorm()` mit dem Argument `labelsp = TRUE` aufgerufen, trifft die Bedingungsprüfung `if (labelsp == TRUE)` zu und die Anweisungen in den `{}`-Klammern werden durchgeführt. Wird die Funktion *ohne* dem Argument `labelsp` aufgerufen, wird durch die Standardinitialisierung `labelsp = FALSE` der `else`-Teil der Bedingungsprüfung, der sich ebenfalls innerhalb der `{}`-Klammern befindet, durchlaufen. Der Programmcode, der sich innerhalb der `{}`-Klammern befindet, wird durch „...“ angedeutet.

Ebenso wird durch eine `if`-Abfrage das Argument `na.rm` auf `TRUE/FALSE` geprüft:

```
if (na.rm == TRUE) {
       mw <- mean(Fakt.Daten[,i], na.rm = TRUE)
       s <- sd(Fakt.Daten[,i], na.rm = TRUE)
}
else {
       mw <- mean(Fakt.Daten[,i])
       s <- sd(Fakt.Daten[,i])
}
```

Besitzt das Argument `na.rm` den logischen Wert `TRUE`, wird in der Berechnung des Mittelwerts (`mw`) und Standardabweichung (`s`) fehlende Werte berücksichtigt und im `else`-Fall nicht.

Bevor wir die erweiterte Funktion `znorm()` testen, möchte ich Ihnen mit folgendem Flussdiagramm (Abb. 88) nicht nur die wesentlichen Abläufe grafisch zeigen, sondern auch dessen Verwendung in der Planungsphase nahe legen:

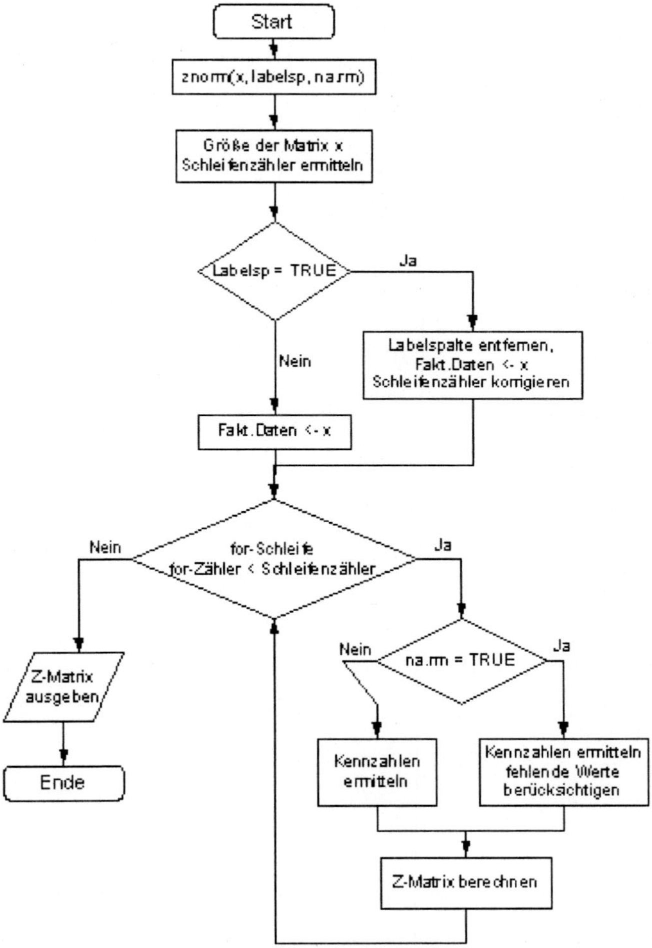

Abbildung 88: Flussdiagramm znorm()

Wenn Sie die Datei `Meine_Funktionen_2.R` auf Ihren Rechner laden und diese mit einem Editor einsehen, wird das obige Flussdiagramm zum Verständnis sicher hilfreich sein!

Nun aber zum Test der modifizierten Funktion `znorm()`!

Zum Test der Funktion können Sie den Datensatz `Znorm_Beispiel_NA.csv` verwenden...

```
> Beispiel <- read.csv2("Znorm_Beispiel_NA.csv")
```

... der einen fehlenden Wert (`NA`) enthält:

```
> Beispiel
          X M1 M2 M3 M4 M5
1 Produkt_A  2  1  2  2  3
2 Produkt_B  3  7  4  3  5
3 Produkt_C  5  6 NA  5  6
4 Produkt_D  5  7  7  6  7
5 Produkt_E  3  2  3  7  8
6 Produkt_F  4  4  5  7  9
```

Wenn sich die Funktion `znorm()` (Datei: `Meine_Funktionen_2.R`) noch nicht in der **R**-Umgebung befindet, laden Sie diese über das Menü **Datei -> Lese R Code ein...** ein und rufen sie wie folgt auf:

```
> znorm(Beispiel, labelsp = T, na.rm = T)
           [,1]       [,2]       [,3]       [,4]       [,5]
[1,] -1.3762047 -1.3521680 -1.1437255 -1.4301939 -1.5430335
[2,] -0.5504819  0.9658343 -0.1039750 -0.9534626 -0.6172134
[3,]  1.1009638  0.5795006         NA  0.0000000 -0.1543033
[4,]  1.1009638  0.9658343  1.4556507  0.4767313  0.3086067
[5,] -0.5504819 -0.9658343 -0.6238503  0.9534626  0.7715167
[6,]  0.2752409 -0.1931669  0.4159002  0.9534626  1.2344268
```

In der 3. Spalte der ausgegebenen Z-Matrix wird das `NA`-Element angezeigt. Die Berechnung der Z-Werte erfolgt natürlich nur auf Basis der 5 Werte in der 3. Spalte der Matrix `Beispiel`.
Beinhaltet Ihre Matrix, die Sie in z-normierte Werte umrechnen möchten, keine Labelspalte und keine NA's, können Sie die Funktion wie schon bekannt (siehe Kapitel *4.1.1 Beispiel Z-Normierung*) aufrufen:

```
> znorm(matrix)          # matrix -> Ihre Matrix
```

Das modifizierte `znorm`-Beispiel (`Meine_Funktionen_2.R`) finden Sie natürlich auch auf der Homepage http://www.r-statistik.de.

4.1.6 Exkurs Fehlersuche

Wenn Sie eigene Funktionen entwickeln, machen Sie sich sicher vorher Gedanken und bringen Ihre Vorstellungen erst einmal zu Papier. Wenn Sie diese Vorstellungen dann auch noch grafisch darstellen, z. B. im Flussdiagramm-Stil, bekommt sie Struktur und das Schreiben der Funktion wird da-

durch *optimiert*.
Aber trotz bester Vorarbeit werden Sie ganz sicher Fehler machen! Sie werden Funktionsbezeichnungen falsch schreiben, Sie werden Klammern vergessen oder schlicht und einfach Berechnungen „falsch" durchführen. Damit Sie mit der Fehlersuche nicht zu viel Zeit verschwenden, beschäftigen wir uns in diesem Kapitel mit diesem Thema.

Fangen wir mit dem Schreiben, dem Umsetzen Ihrer Vorstellung in **R**-Code, an. Im Kapitel *4.1.3 Exkurs Programmierstil* haben Sie ja schon einige Hinweise bekommen und es ist klar, dass Derartiges nur mit einem Editor umgesetzt werden kann. Die **R**-Umgebung bietet Ihnen den **R**-Editor an. Um aber umfangreichere Funktionen zu entwickeln, ist ein Editor, der eine Syntaxhervorhebung (Funktionen, Schlüsselwörter werden farbig hervorgehoben) anbietet, sicher optimal. Leider werden diese Editoren nicht unbedingt kostenlos angeboten, z. B. betragen die Lizenzgebühren für den Editor UEDIT32 ungefähr 32.- €. Auf der Homepage http://www.r-statistik.de werden Sie Beispiele mit Syntaxhervorhebungen sehen und dann können Sie, wenn Sie keine Vorstellung haben, sicher eine Entscheidung treffen.

Wenn Sie Syntaxfehler begehen, z. B. anstatt `mean` `m`**`ae`**`n` für die Mittelwertfunktion schreiben, werden Sie von einem Editor ohne Syntaxhervorhebung nicht gewarnt, sondern erst mit dem Aufruf der Funktion:

```
Fehler: konnte Funktion "maen" nicht finden
```

Die Meldung zu diesem Zeitpunkt ist bestimmt ärgerlich! Ein bisschen hilfreicher zeigt sich **R**, wenn Sie z. B. eine `if`-Abfrage nicht korrekt konstruieren (es fehlt ein „="-Zeichen):

```
# Beispiel falsch konstruierte if-Abfrage:
if (na.rm = TRUE)  {
        ...
}
```

Wird diese fehlerhafte Funktion in die **R**-Umgebung geladen, erhalten Sie folgende Fehlermeldung:

```
Fehler in parse(file, n = -1, NULL, "?") : Syntaxfehler bei
43:         # Auf NA-Behandlung prüfen:
44:         if (na.rm =
```

Es wird Ihnen nicht nur die fehlerhafte Zeile `44`, sondern auch zur Orientierung die vorangehende Zeile, in diesem Beispiel die `43`, angezeigt. Nur um die Grenzen der Editoren mit Syntaxhervorhebung aufzuzeigen, hier der Hinweis, dass dieser Fehler nicht angezeigt wird! Das „="-Zeichen kann ja ein simples Zuweisungszeichen sein.

Beliebte Fallgruben sind natürlich Berechnungen! In der Funktionsentwicklungsphase geht Übersicht vor Optimierung! D. h., führen Sie Berechnungen in gut überschaubaren Schritten durch und geben Zwischenergebnisse zur Überprüfung an die Konsole aus:

```
:
:
# Simples Beispiel, aber...
Vektor.zwischen <- Vektor.A * Variable.B
# trotzdem Kontrolle:
print(Vektor.zwischen)
:
:
```

Das obige Beispiel ist ziemlich simpel, aber sehr interessant wird es, wenn Funktionen zur Berechnung mit Argumenten aufgerufen werden. Empfehlenswert zur Überprüfung des Funktionsergebnisses ist die Verwendung eines *Prüfdatensatzes*, von dem Sie das zu erwartende Ergebnis kennen. Somit können Sie sehr schnell die Richtigkeit prüfen.
Der Gedanke, dass Ausführen von Berechnungen in kleinen Schritten durchzuführen und zu testen, sollte darin münden, aus diesen Berechnungen Funktion zu machen! Wenn die Programmierstilregel *Allgemeingültigkeit* berücksichtigt wird, kann diese zur Funktion gemachte Berechnung in anderen Funktionen wiederverwendet werden.

R bietet natürlich als Entwicklungsumgebung auch Werkzeuge zur Fehlersuche, oder wie der Programmierer sagt „dem Debugging", an. Eines dieser Werkzeuge ist die Funktion `debug()`. Als Argument wird die zu prüfende Funktion ohne Argumente übergeben. Dadurch wird der Debug-Modus eingeschaltet.
Spielen wir das Debuggen für die Funktion `znorm()` mit dem Datensatz `Znorm_Beispiel_NA.csv` durch:

```
> # Datensatz laden:
> Beispiel <- read.csv2("Znorm_Beispiel_NA.csv")

> # 1. Schritt: Debug-Modus für Funktion einschalten:
> debug(znorm)

> # 2. Schritt: Funktionsaufruf:
> znorm(Beispiel, labelsp = T, na.rm = T)
debugging in: znorm(Beispiel, labelsp = T, na.rm = T)
debug: {
                   :
                   :
                   Anzeige der Funktion znorm()
```

```
                    :
                    :
}
Browse[1]>
```

Mit dem Aufruf der Funktion im Debug-Modus, wird die Browser-Funktionalität gestartet und angezeigt durch den `Browse[1]>`-Prompt. Nun haben Sie verschiedene Möglichkeiten! Sie können, was zunächst sicher sinnvoll ist, durch die Eingabe von „`n`" die *nächste auszuführende* Programmzeile anzeigen lassen...

```
> Browse[1]> n
debug: dim_Matrix <- dim(x)    # Wird noch ausgeführt!
Browse[1]>
```

... und mit der nächsten Eingabe von „n" *ausführen*. Nach der Eingabe wird, wie beschrieben, der Variablen (Objekt) `dim_Matrix` die Dimension der Matrix `x` zugewiesen und die nächste auszuführende Programmzeile angezeigt:

```
> Browse[1]> n
> debug: dim_n <- dim_Matrix[c(2)] # Die nächste Zeile!
```

Wenn Sie nun wissen möchten, welcher Inhalt in der Variablen `dim_Matrix` steht, rufen Sie diese einfach auf:

```
> Browse[1]> dim_Matrix
[1] 6 6                         # Inhalt von dim_Matrix
```

Wenn Sie zufrieden sind und die nächste Anweisung (`dim_n <- dim_Matrix[c(2)]`) ausführen möchten, geben Sie wieder „`n`" ein:

```
> Browse[1]> n
debug: if (labelsp == TRUE) {
    Fakt.Daten <- subset(x, select = -1)
    dim_n <- dim_n - 1
    dim_Matrix[c(2)] <- dim_Matrix[c(2)] - 1
    Z_Matrix <- array(0, dim_Matrix)
} else {
    Fakt.Daten <- x
    Z_Matrix <- array(0, dim_Matrix)
}
Browse[1]>
```

Die nächste Anweisung die ausgeführt werden soll, ist eine `if`-Bedingung. Da die Auswertung der Bedingung `labelsp == TRUE` noch nicht durchgeführt wurde, wird die gesamte `if_`Bedingung, einschließlich des `else`-Teils, angezeigt. Bevor Sie nun das nächste „`n`" eingeben, könnten Sie mit `Browse[1]> labelsp` den Inhalt (True/False) prüfen. Vertrauen wir der Argumentübergabe (`labelsp = T`), gehen wir mit „`n`" weiter:

```
> Browse[1]> n
debug: Fakt.Daten <- subset(x, select = -1)
```

Unser Vertrauen war begründet, mit der Ausführung wird im `if- (then)` Zweig fortgefahren.

Wenn wir nun davon ausgehen, dass Ihre Analysen, ohne dass Sie das Ende der Funktion erreicht haben, beendet sind, können Sie die Funktion mit „`c`" (continue) bis zum Funktionsende ausführen:

```
> Browse[1]> c
exiting from: znorm(Beispiel, labelsp = T, na.rm = T)
           [,1]       [,2]       [,3]       [,4]       [,5]
[1,] -1.3762047 -1.3521680 -1.1437255 -1.4301939 -1.5430335
[2,] -0.5504819  0.9658343 -0.1039750 -0.9534626 -0.6172134
[3,]  1.1009638  0.5795006         NA  0.0000000 -0.1543033
[4,]  1.1009638  0.9658343  1.4556507  0.4767313  0.3086067
[5,] -0.5504819 -0.9658343 -0.6238503  0.9534626  0.7715167
[6,]  0.2752409 -0.1931669  0.4159002  0.9534626  1.2344268
```

Wenn Sie die Abarbeitung der Funktion abbrechen möchten, hilft hier „`Q`" weiter. Dadurch wird der Browser-Modus beendet:

```
> Browse[1]> n
debug: Fakt.Daten <- subset(x, select = -1)

> Browse[1]> Q          # Browser-Modus beenden
>
```

Durch einen erneuten `znorm()`-Funktionsaufruf können Sie die Fehlersuche im Debug-Modus wieder aufnehmen. Erst mit dem Aufruf der `undebug()`-Funktion wird dieser Modus ausgeschaltet:

```
> undebug(znorm)
```

Ist Ihre Funktion schon recht umfangreich geworden, ist es Ihnen vielleicht zu mühevoll vom Anfang bis zum Ende die Funktion in Einzelschritten zu prüfen. Aber auch hier hilft Ihnen die Browser-Funktion weiter! Fügen Sie die Funktion `browser()` an einer geeigneten Stelle in der Funktion, ...

```
:
dim_n <- dim_Matrix[c(2)]
:
        # Wurde das labelsp-Attribut auf TRUE gesetzt?

# Browser zur Fehlersuche aktiviert:
browser()
:
if (labelsp == TRUE) {
:
```

... z. B. wie oben über der `if`-Bedingung ein. Wenn Sie die Datei `Meine_Funktionen_2.R`, die auch die Funktion `znorm()` beinhaltet, in Ihre **R**-Umgebung geladen haben (siehe http://www.r-statistik.de), steht Ihnen auch die Funktion `znorm_b()` (b = browser) zur Verfügung. In dieser Funktion wurde die `browser()`-Funktion beispielhaft integriert. Nach dem Aufruf der Funktion...

```
> znorm_b(Beispiel, labelsp = T, na.rm = T)
```

... wird beim Erreichen der `browser()`-Funktion in der Funktion `znorm_b()` in den Browser-Modus gewechselt:

```
> Called from: znorm_b(Beispiel, labelsp = T, na.rm = T)
Browse[1]>
```

Nun stehen Ihnen wieder die oben genannten Möglichkeiten („n", „c", „Q") zur Verfügung.

4.1.7 Beispiel Faktorenanalyse

Auf Basis der in den vorangegangenen Kapiteln erarbeiteten Fähigkeiten sind wir nun in der Lage, unsere eigene Funktion zur Faktorenanalyse zu schreiben (siehe Kapitel *3.3.2 Faktorenanalyse*). Die eigene Funktion *Faktorenanalyse* soll die Faktorenladungen und Faktorenwertmatrix (P-Matrix) inklusive einer grafischen Darstellung, schätzen und ausgeben.

Damit befreien wir uns nicht nur von der lästigen Vorgehensweise der manuellen Berechnung der *Z-Matrix,* wie im Kapitel *3.3.2 Faktorenanalyse* beschrieben, sondern erhalten, weil wir die Funktion so programmieren werden, zusätzliche Informationen zur Faktorenanalyse.

Die nachfolgenden Punkte sollen darstellen, welche Schritte gemacht werden müssen, um die Faktorenwertmatrix zu berechnen:

- Berechnung der Korrelationsmatrix und Eigenwerte der Matrix
- Schätzung der Anzahl der Faktoren nach dem Kaiserkriterium
- Schätzung der Faktorenladungen auf Basis der Funktion `factanal()`
- Schätzung der Mittelwerte und der Standardabweichungen der Merkmalausprägungen M1 bis M5 (siehe Beispieldatensatz aus Kapitel *3.3.2 Faktorenanalyse*)
- Faktorenwerte berechnen

- und argumentgesteuert die Ausgabe der grafischen Darstellung der Faktorenwerte.

Als „Bonbon“ werden wir über ein Argument die Ausgabe der *Zwischenresultate* als zusätzliche Information ermöglichen.

In Folgendem werden wir die Funktion schrittweise entwickeln. Dazu sollten Sie die Funktion `faktorenanalyse()` (Datei `Faktorenanalyse.R`) von der Homepage http://www.r-statistik.de auf Ihren Rechner laden und zur Anschauung mit einem geeigneten Editor öffnen. Dadurch werden Sie sicher nicht den Überblick verlieren, da hier auf die in der Funktion aufgeführten Variablenindizierung und, wenn möglich, Kommentare verzichtet wird.

Starten wir mit der Funktionsbezeichnung und den nötigen Argumenten:

```
"faktorenanalyse" <- function(x,
                              labelsp = FALSE,
                              na.rm = FALSE,
                              nFaktoren = 0,
                              info = FALSE,
                              grafik = FALSE)
{
```

Das Argument `x` steht für die zu übergebende Datenmatrix, die der Faktorenanalyse unterworfen werden soll.
Die Argumente `labelsp` und `na.rm` sind Ihnen bestimmt noch aus den vorangegangenen Kapiteln bekannt. Als neue Argumente werden `nFaktoren`, `info` und `grafik` eingeführt.
Wenn Ihnen schon eine bestimmte Anzahl Faktoren vorschwebt, können Sie diese über das Argument `nFaktoren` mit dem Funktionsaufruf übergeben.
Ich möchte Ihnen aber empfehlen, hier nichts vorzugeben und die Ermittlung der Faktorenzahl über das Kaiserkriterium[1] innerhalb der Funktion ermitteln zu lassen.
Über das Argument `info` können Sie Zwischenergebnisse, wie z. B. die Korrelationsmatrix, Eigenwerte, die Anzahl der ermittelten Faktoren und die Z-Matrix ausgeben.
Wenn Sie eine grafische Darstellung der Faktorenwerte wünschen (siehe auch hier Kapitel *3.3.2 Faktorenanalyse*), können Sie dies über das Argument `grafik` erreichen.

Im *1. Schritt* innerhalb der Funktion wird das `labelsp`-Argument auf `TRUE` geprüft und ggf. die Labelspalte über `subset` ausgeschnitten:

```
if (labelsp == TRUE) {
```

1 www.faes.de -> Lexikon -> Faktorenanalyse

```
        # Spalte ausschneiden und Ergebnis in einer neuen
        # Matrix speichern:
        Fakt.Daten <- subset(x, select = -1)
        # Anzahl der Schleifenläufe reduzieren:
        dim_n <- dim_n - 1
        # Z-Matrix initalisieren:
        dim_Matrix[c(2)] <- dim_Matrix[c(2)] - 1
        Z_Matrix <- array(0, dim_Matrix)
} else {
        # Keine Labelspalte, also "nur" umspeichern:
        Fakt.Daten <- x
        Z_Matrix <- array(0, dim_Matrix)
}
```

Die übergebene Datenmatrix wird in dem Datenobjekt `Fakt.Daten` abgelegt. Im *2. Schritt* wird die Korrelationsmatrix und der Eigenwertvektor `ew`, bisher nur zur Information, berechnet:

```
Korrelationsmatrix <- cor(Fakt.Daten)
ew <- eigen(cor(Fakt.Daten))$values
```

Mit dem Eigenwertvektor `ew` können wir nun, abhängig vom Argument `nFaktoren`, im *3. Schritt* die Faktorenzahl ermitteln:

```
if (nFaktoren == 0) {
# Nötige Faktorenzahl nach dem Kaiser-Kriertium ermit-
teln:
        for (I in 1:dim_n) {
                if (ew[I] < ew_Kaiser) {
                        nFaktoren <- (I - 1)
                        break  # Schleife verlassen
                } # Ende Kaiser-Bedingung
        }# Ende for-Schleife

        # Prüfen, ob die Kaiser-Schätzung erfolgreich war:
        if (nFaktoren == 0) {
                Kaiser_Abbruch <- "Faktorenzahl konnte
                                nicht geschätzt werden!"
                return(Kaiser_Abbruch)
        }
}
```

Wird das Argument `nFaktoren` nicht vorbelegt, wird geprüft, ob das Kaiser-Kriterium unterschritten wird. Geschieht dies zum ersten mal, wird die Variable `nFaktoren` mit der Anzahl der `for`-Schleifendurchläufe, vermindert um 1, als Faktorenzahl belegt. Danach wird die `for`-Schleife durch die Funktion `break` direkt verlassen.
Sollte die Faktorenzahl aus irgendeinem Grunde das Kaiser-Kriterium nicht schätzbar sein, das Argument (Variable) `nFaktoren` die `for`-Schleife mit dem Initialwert 0 verlässt, wird die Funktion mit der Ausgabe des `Kaiser-`

`Abbruch`-Hinweises beendet.

Im *4. Schritt* kommen wir zur Faktorenanalyse mit der Funktion `factanal()`. Als Argumente zum Funktionsaufruf wird der Datensatz `Fakt.Daten`, die Anzahl der Faktoren mit `factors = nFaktoren` und die Argumente `scores` und `rotation` (siehe Kapitel *3.3.2 Faktorenanalyse* oder[1]) übergeben:

```
Temp <- factanal(Fakt.Daten, factors = nFaktoren, scores
= Typ, rotation = Rotation)
```

Die Rückgabedaten der Funktion `factanal()` werden in dem Objekt `Temp` gespeichert. Aus dem Objekt `Temp` wird die Faktorenladung extrahiert:

```
Fakt.Ladung <- Temp$loadings[1:dim_n, 1:nFaktoren]
```

Im *5. Schritt* fließt nun unsere Erfahrung aus den Kapiteln der *Z-Normierung* (*4.1.1* und *4.1.5*) ein...

```
# Z-normierte Werte des Übergabedatensatzes berechnen:

for(I in 1:dim_n) {
        # Auf NA-Behandlung prüfen:
        if (na.rm == TRUE) {
                mw <- mean(Fakt.Daten[,I], na.rm = TRUE)
                s <- sd(Fakt.Daten[,I], na.rm = TRUE)
        }
        else {
                mw <- mean(Fakt.Daten[,I])
                s <- sd(Fakt.Daten[,I])
        }

        # Z-Werte berechnen:
        Z_Matrix[,I] <- (Fakt.Daten[,I] - mw) / s

} # Ende for-Schleife
```

... und die Bedeutung dürfte hinreichend bekannt sein.

Mit dem *6. Schritt* erfolgt schließlich die Berechnung der Faktorenwerte:

```
Fakt.Ladung.T <- t(Fakt.Ladung)
Fakt.Ladung.Prod <- Fakt.Ladung.T %*% Fakt.Ladung
Fakt.Ladung.inv <- solve(Fakt.Ladung.Prod)
P.Matrix <- Z_Matrix %*% (Fakt.Ladung %*% Fakt.La-
dung.inv)
```

Die Berechnung der Faktorenwerte[2] (`P.Matrix`) erfolgt über die Transponierung der Faktorenladung (`Fakt.Ladung.T`), dem Matrixprodukt aus der Fak-

1 www.faes.de -> Lexikon -> Faktorenanalyse
2 www.faes.de -> Lexikon -> Faktorenanalyse

torenladung und deren transponierten Matrix (`Fakt.Ladung.Prod`) und schließlich der Invertierung des Produkts (`Fakt.Ladung.inv`).

Damit wären wir eigentlich am Ziel! Wir kennen nun die Faktorenladung und die Faktorenwerte. Wenn die Argumente `info` und `grafik` nicht auf `T(RUE)` gesetzt wurden, werden auch nur diese beiden Objekte ausgegeben. Das Erstellen der Ausgabe (*7. Schritt*) ohne Zusatzinformationen (Korrelationsmatrix, Eigenwerte,...) befindet sich im else-Abschnitt der `if`-Bedingung *Info ausgeben*. In dem else-Abschnitt wird eine Liste (`Ausgabe`) aus der Faktorenladung und den Faktorenwerten (P-Matrix) gebildet und mit `return` ausgegeben:

```
# Info mit ausgeben?
if (info == TRUE) {
                              :
                              :
} else {
      # Nur Faktorenladung ausgeben:
      Ausgabe <- list(Faktorenladung = Fakt.Ladung,
                      Faktorenwert = P.Matrix)
}

# Endlich die Ausgabe:
return(Ausgabe)
```

Als Variante zu diesem *Schritt 7* betrachten wir die Ausgabe zusätzlicher Informationen über das Argument `info`. Es wird geprüft, ob das Argument `info` auf `T(RUE)` gesetzt wurde und wenn ja, werden die folgenden Anweisungen ausgeführt:

```
# Info mit ausgeben?
if (info == TRUE) {
      Ausgabe <- list(Korrelationsmatrix = Korrelations-
matrix,
                      Eigenwert = ew,
                      Faktoren = nFaktoren,
                      ZMatrix = Z_Matrix,
                      Faktorenladungen = Fakt.Ladung,
                      Faktorenwert = P.Matrix
                      )
} else {...
```

Vor der Ergebnis- / Info-Ausgabe wird als *8. Schritt* die grafische Ausgabe der Faktorenwerte (P-Matrix) eingeschoben. Wenn das Argument `grafik` auf `T(RUE)` gesetzt wurde, werden die Faktorenwerte über die `plot()`-Funktion ausgegeben:

```
# Grafik ausgeben:
if (grafik == TRUE)  {
```

```
        Titel <- "Faktorenanalyse"
        Untertitel <- "Darstellung der Faktorenwerte (P.-
Matrix)"
        # Nummerierung der Merkmale:
               xy_Label <- LETTERS[1 : length(x)]
               P.Matrix <- cbind(P.Matrix, xy_Label)
        plot(P.Matrix, main = Titel, sub = Untertitel, pch
= xy_Label, tck = 1, cex = 1.5)
}
```

Somit haben wir die Funktion `faktorenanalyse()` bis zu einem vernünftigen Grad entwickelt. Mit den bisher vermittelten Fähigkeiten werden Sie in der Lage sein, diese Funktion weiter auszubauen und Ihren Bedürfnissen anzupassen.
Schauen wir uns das Resultat an! Wir beziehen uns wieder auf das Beispiel aus dem Kapitel *3.3.2 Faktorenanalyse* und laden den Datensatz in die **R**-Umgebung ein:

```
> Fakt.Beispiel <- read.csv2("Faktorenanalyse.csv")
```

Sollte die Funktion `faktorenanalyse()` sich noch nicht in der **R**-Umgebung befinden, aber schon auf Ihrem Rechner (*Download?*), laden Sie die Datei `Faktorenanalyse.R` über das Menü **Datei -> Lese R Code ein...** ein. Danach rufen Sie die Funktion `faktorenanalyse()` in der *minimalistischen* Version, d. h. ohne die Argumente `info` und `grafik`, auf...

```
> faktorenanalyse(Fakt.Beispiel, labelsp = T)
```

... und als Ergebnis werden Ihnen die Faktorenladungen und die Faktorenwerte ausgegeben:

```
$Faktorenladung
     Factor1     Factor2
M1 0.8909020  0.40676494
M2 0.8643442 -0.06677328
M3 0.9499448  0.30460559
M4 0.1676159  0.98338886
M5 0.1599676  0.95924904

$Faktorenwert
        Factor1    Factor2
[1,] -1.2105271 -1.2366833
[2,]  0.3024096 -1.0118526
[3,]  0.9500040 -0.1680760
[4,]  1.2107641  0.2096070
[5,] -1.1111778  1.0641307
[6,] -0.1414727  1.1428742
```

Sie können sicher Ladungen und Werte der Faktorenanalyse interpretieren[1],

1 www.faes.de -> Lexikon -> Faktorenanalyse

aber eine grafische Darstellung der Faktorenwerte ist hilfreich! Dazu rufen Sie die Funktion `faktorenanalyse()` zusätzlich mit dem Argument `grafik = T(RUE)` auf:

```
> faktorenanalyse(Fakt.Beispiel, labelsp = T, grafik =
T)
```

Als Ausgabe erhalten Sie wieder die Faktorenladung (nicht abgebildet) und die Faktorenwertmatrix, ergänzt um eine Labelspalte für die grafische Darstellung...

```
$Faktorenwert
     Factor1              Factor2              xy_Label
[1,] "-1.21052712890763"  "-1.23668327616091"  "A"
[2,] "0.302409578509318"  "-1.01185264891591"  "B"
[3,] "0.950003964923112"  "-0.168075950521893" "C"
[4,] "1.21076411305869"   "0.209606980437198"  "D"
[5,] "-1.11117782151945"  "1.06413072744134"   "E"
[6,] "-0.141472706064039" "1.14287416772018"   "F"
```

... und die dazugehörige Grafik (Abb. 89):

Über die Labelspalte `xy_Label` können Sie die in diesem Beispiel betrachteten Produkte A bis F identifizieren.

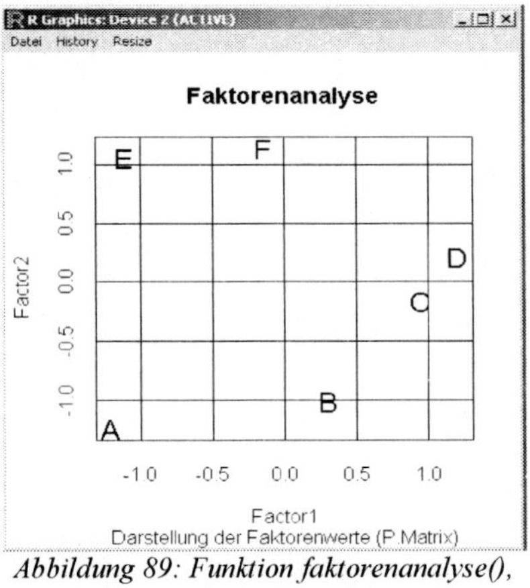

Abbildung 89: Funktion faktorenanalyse(), grafische Ausgabe

Um weitere Informationen über Zwischenresultate zu erhalten, rufen wir die Funktion mit dem Argument `info = T(RUE)` auf:

```
> faktorenanalyse(Fakt.Beispiel, labelsp = T, grafik =
T, info = T)
$Korrelationsmatrix
          M1         M2        M3         M4        M5
M1 1.0000000 0.70181003 0.9710083 0.55110708 0.5096472
M2 0.7018100 1.00000000 0.8053658 0.07367095 0.1430702
```

```
M3 0.9710083 0.80536580 1.0000000 0.45868247 0.4453845
M4 0.5511071 0.07367095 0.4586825 1.00000000 0.9710083
M5 0.5096472 0.14307020 0.4453845 0.97100831 1.0000000

$Eigenwert
[1] 3.30340597 1.44476368 0.22290296 0.01759271
0.01133468

$Faktoren
[1] 2

$Zmatrix
           [,1]       [,2]       [,3]       [,4]
[,5]
[1,] -1.3762047 -1.3521680 -1.3363062 -1.4301939
-1.5430335
[2,] -0.5504819  0.9658343 -0.2672612 -0.9534626
-0.6172134
[3,]  1.1009638  0.5795006  0.8017837  0.0000000
-0.1543033
[4,]  1.1009638  0.9658343  1.3363062  0.4767313
0.3086067
[5,] -0.5504819 -0.9658343 -0.8017837  0.9534626
0.7715167
[6,]  0.2752409 -0.1931669  0.2672612  0.9534626
1.2344268

$Faktorenladungen
     Factor1     Factor2
M1 0.8909020  0.40676494
M2 0.8643442 -0.06677328
M3 0.9499448  0.30460559
M4 0.1676159  0.98338886
M5 0.1599676  0.95924904

$Faktorenwert
     Factor1              Factor2              xy_Label
[1,] "-1.21052712890763"  "-1.23668327616091"  "A"
[2,] "0.302409578509318"  "-1.01185264891591"  "B"
[3,] "0.950003964923112"  "-0.168075950521893" "C"
[4,] "1.21076411305869"   "0.209606980437198"  "D"
[5,] "-1.11117782151945"  "1.06413072744134"   "E"
[6,] "-0.141472706064039" "1.14287416772018"   "F"
```

Auf die Abbildung der Grafik wird hier verzichtet! Sie sehen, unsere eigene Funktion `faktorenanalyse()` erfüllt die hinein programmierten Anforderungen.

5 Anhang

5.1 GUI Einstellungen

Da Sie sich sicher die **R** Menüs angeschaut haben, sind Sie bestimmt auf den Menüpunkt **GUI Einstellungen...** unter dem Menü **Bearbeiten** gestoßen.

Wenn Sie den Menüpunkt **GUI Einstellungen...** aufrufen, können Sie **R**-Darstellung als MDI (Multiple Windows) oder als SDI (Single Windows) wählen.
Auch können Sie hier den Schrifttyp (Font), die Schriftgröße (Size) und Farben, wie Hintergrund, Eingaben und Ausgaben anpassen. Wie das folgende Bild zeigt, stehen Ihnen noch weitere Einstellungsmöglichkeiten zur Verfügung:

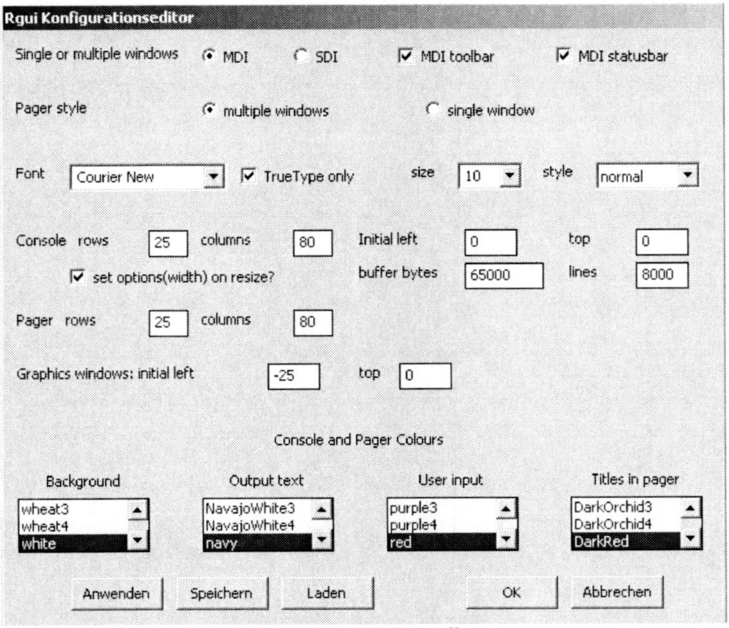

Abbildung 90: GUI-Einstellungen

Wenn Sie sich über die Bedeutung der Windows-Einstellungen, MDI oder SDI nicht im Klaren sind, können folgende Darstellungen vielleicht weiterhelfen:

MDI:

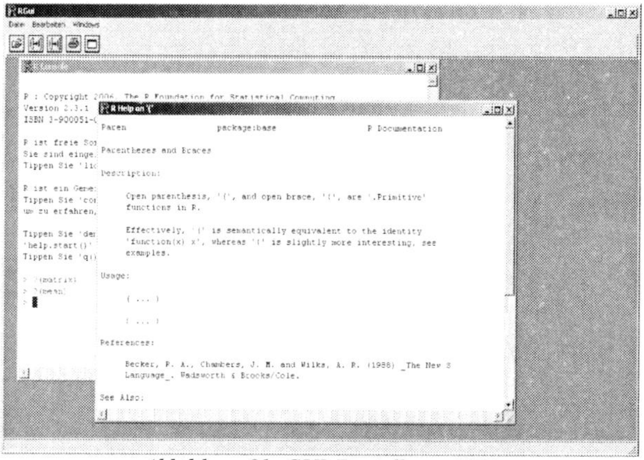

Abbildung 91: GUI-Einstellung, MDI

Zur Verdeutlichung wurde die Hilfe für die Funktion `mean()` aufgerufen. Das Hilfefenster ist in dem **R**-Fenster eingebunden und kann nicht aus diesem „heraus geschoben“ werden.

SDI:

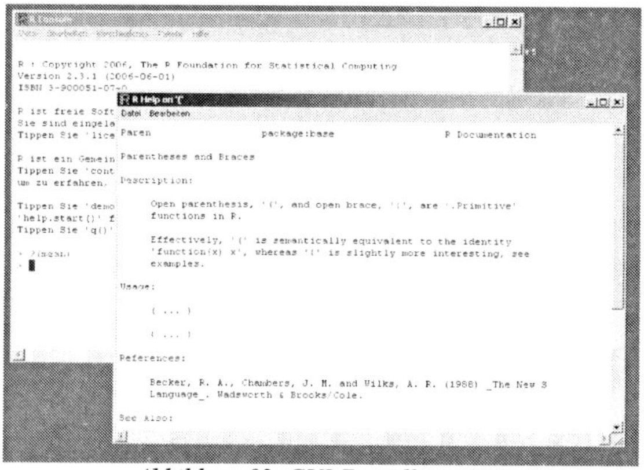

Abbildung 92: GUI-Einstellung, SDI

Auch hier wurde die `mean`-Hilfe aufgerufen. Im Unterschied zur MDI-Einstellung, ist das Hilfe-Fenster vom **R**-Fenster entkoppelt und kann aus dem **R**-Fenster „heraus geschoben“ werden. Sie werden sich sicher für die Ihnen angenehme Darstellung entscheiden. Ich persönlich bevorzuge die SDI-Darstellung.

Wenn Sie GUI-Änderungen speichern müssen, erfolgt dies immer in der Datei *Rconsole* im *etc*-Verzeichnis:

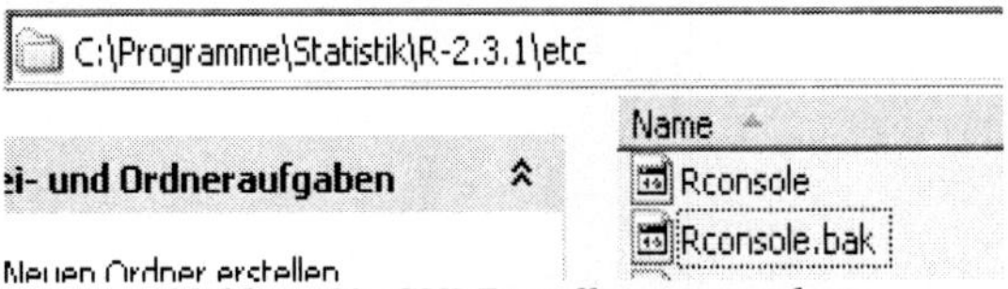

Abbildung 93: GUI-Einstellungen speichern

Die Einstellungen werden erst nach einem **R**-Neustart wirksam.

5.2 Die R-Statistik-Homepage

Schon oft, insbesondere im Kapitel *1.4 Das Ziel dieser Einführung*, wurde auf die Internetseite http://www.r-statistik.de hingewiesen. In Abbildung 94 sehen Sie die Startseite der Domäne.

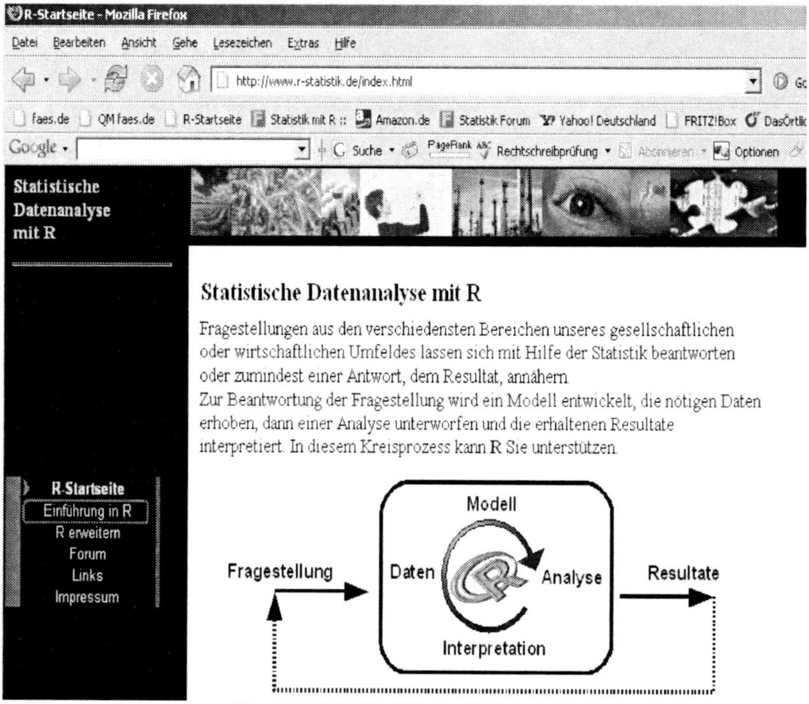

Abbildung 94: Die R-Statistik-Homepage

Wie gewohnt, dient auch diese Startseite als Ausgangspunkt zum Sprung zu Zielen wie z. B.

- den Buchbeispielen,
- dem **R**-Forum
- oder dem Impressum zur Kontaktaufnahme.

Von dieser Seite aus können Sie über den Link **Einführung in R** (Abb. 94) und dann über **Buchbeispiele** (Abb. 95) die in dieser Einführung aufgeführten Beispiele aufrufen. Allerdings ist die Beispielseite geschützt und die Zugangsberechtigung wird geprüft. Die Berechtigungsprüfung ist für Sie aber kein Problem, denn der *Benutzername* und das *Passwort* lautet *Einführung07*.

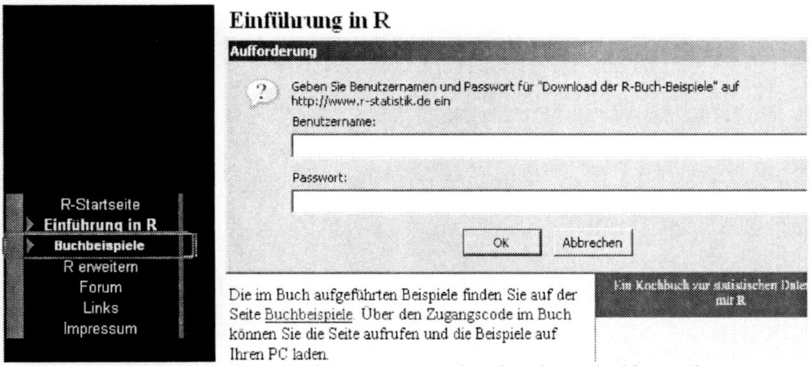

Abbildung 95: R-Statistik-Seite, Zugangsbeschränkung Buchbeispiele

Nach der Eingabe werden Ihnen, neben einigen Hinweisen, die Beispieldateien zum Download dargestellt (Abb. 96):

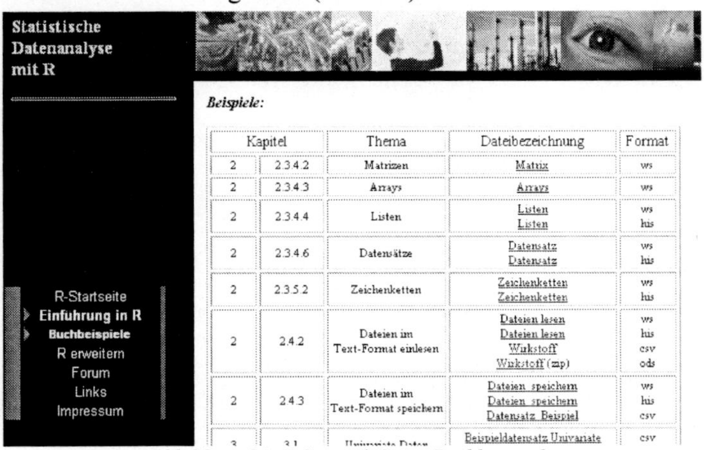

Abbildung 96: R-Statistik-Seite, Buchbeispiele

Ein weiterer interessanter Link ist das **Forum**. Von dort gelangen Sie zum Forum *Statistik mit R* (Abb. 97):

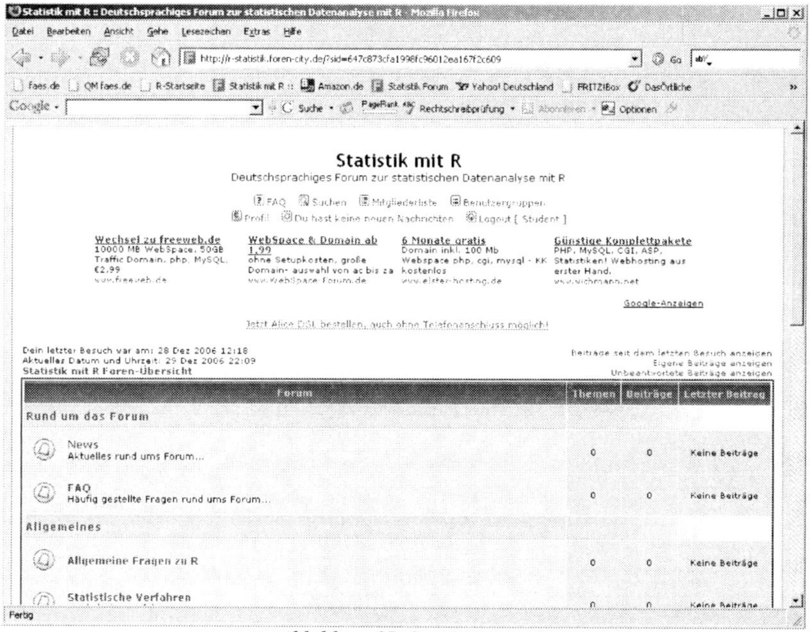

Abbildung 97: Das R-Forum

Hier können Sie alle Fragen um **R** einem größeren **R**-Anwenderkreis stellen oder auch Ihr Wissen weitergeben.
Neben dem Link **R erweitern** (Abb. 95/96) werden Sie auch hier Hinweise zur Programmierung, Funktionen und Pakete zu Ihrer Verwendung vorfinden. Wie in Foren üblich, können Sie Ihre Entwicklungen anderen Anwendern zur Verfügung stellen.

Literaturverzeichnis

- Andreas Behr, Einführung in die Statistik mit R, 2005, Verlag Vahlen, ISBN 3 8006 3219 5
- Michael J. Crawley, Statistics An Introduction using R, 2005, Wiley, ISBN 0 470 02298 1
- Peter Dalgaard, Introductory Statistics with R, 2002, Springer, ISBN 0 387 95475 9
- Dubravko Dolic, Statistik mit R, 2004, Oldenbourg, ISBN 3 486 27537 2
- Uwe Ligges, Programmieren mit R, 2005, Springer, ISBN 3 540 20727 9
- Lothar Sachs, Jürgen Hedderich, Angewandte Statistik – Methodensammlung mit R, 2006, Springer, ISBN 3 540 32160 8
- W.N. Venables, D.M. Smith and the R Development Core Team, 2005, An Introduction to R, Network Theory Ltd, ISBN 0954161742
- John Verzani, Using R for Introductory Statistics, 2005, Chapman & Hall/CRC, ISBN 1 58488 450 9

Statistische Verfahren siehe www.faes.de , Literaturhinweis

Abbildungsverzeichnis

Tabellenverzeichnis

Stichwortverzeichnis